UNGER

ELEKTROMASCHINEN PRAKTIKUM

ELEKTROMASCHINEN

PRAKTIKUM

von **FRANZ UNGER**

Dr.-techn., ord. Professor emerit.
früher Direktor des Instituts für elektrische Maschinen, Antriebe und Bahnen
der Technischen Hochschule Braunschweig

Dritte, umgearbeitete und erweiterte Auflage

Mit 125 Abbildungen

Springer Fachmedien
Wiesbaden GmbH 1958

ISBN 978-3-663-19862-8 ISBN 978-3-663-20200-4 (eBook)
DOI 10.1007/978-3-663-20200-4

Ursprünglich erschienen bei Friedr. Vieweg & Sohn Verlagsgesellschaft1958.
Softcover reprint of the hardcover 1st edition 1958

Vorwort

Die praktischen Übungen an elektrischen Maschinen, wie sie von den Studierenden an Hochschulen und technischen Lehranstalten durchgeführt werden sollen, erfordern umfangreiche vorbereitende Vorträge, für die erfahrungsgemäß die Zeit fehlt. Zur Behebung dieser Schwierigkeiten sind seinerzeit im Institut für elektrische Maschinen an der Technischen Hochschule Braunschweig kurzgefaßte Unterrichtsblätter herausgegeben worden, in denen die grundsätzlichen Vorgänge und Schaltungen erklärt wurden. Diese Unterrichtsblätter, die sich auf die planmäßigen Übungen der Anfänger und Fortgeschrittenen beschränkten, sind 1947 in Buchform als „Elektromaschinenpraktikum" bei der Wolfenbütteler Verlagsanstalt G.m.b.H. erschienen. Die Notwendigkeit, den viel zu eng gefaßten Rahmen der zweiten Auflage dieses Buches zu sprengen, zwang mich zu einer gänzlichen Umarbeitung und Erweiterung.

Voraussetzung für das Verständnis dieses Buches ist die Kenntnis der elektrischen Maschinen und Geräte sowie auch die Kenntnis der für ihre Untersuchung verwendeten Meßgeräte. Hier kann nur eine kurze allgemeine Übersicht über die Eigenschaften der Meßgeräte und über Meßverfahren gegeben werden, ebenso nur ein kurzer Auszug aus den Schaltungsnormen des VDE (Verbandes Deutscher Elektrotechniker). Auch die Eigenschaften der elektrischen Maschinen, Elektromagnete und Transformatoren sind nur in einfacher Form so erläutert, daß eine Kenntnis der Vorlesungen oder der einschlägigen Literatur vorausgesetzt werden muß. Die elementaren Untersuchungen umfassen einfache Messungen an Elektromagneten, Transformatoren, Maschinen und Gleichrichtern, wobei hauptsächlich die charakteristischen Kurven dem Gedächtnis eingeprägt werden sollen. Die Maschinenuntersuchungen für Fortgeschrittene umfassen Spannungsausgleich, Anlaß- und Regelverfahren, Parallelbetrieb und Phasenkompensation, also den Maschinenbetrieb. Die Prüfung elektrischer Maschinen und Transformatoren behandelt auf der Grundlage der „Regeln für elektrische Maschinen, VDE 0530/7.55" und „Regeln für Transformatoren, VDE 0532/7.55" die Prüfung der Erwärmung, Belastbarkeit, Verluste, Spannungsänderung, Drehzahl usw. Die obigen „Regeln" werden auszugsweise gebracht und ihre Anwendung auf die Prüfung der hauptsächlichen Maschinenarten und Transformatoren an Beispielen gezeigt.

In den Schaltbildern dieses Buches werden zunächst die vollständigen Schaltzeichen gebraucht, um dem Anfänger das Verständnis zu erleichtern. In weiterer Folge werden immer häufiger Schalt-Kurzzeichen und einpolige Schaltbilder verwendet. In mehreren Schaltbildern sind die Klemmenbezeichnungen und alle Sicherungen weggelassen, damit der Leser sie einzeichnen soll.

Dieses Buch, das nunmehr in dritter, erweiterter Auflage erscheint, soll sowohl den Studierenden an technischen Hochschulen und technischen Lehranstalten, als auch den jungen Ingenieuren in der Praxis Anleitungen und Anregungen für ihre experimentellen Arbeiten geben. Es dürfte auch dem Maschineningenieur, soweit er mit elektrischen Maschinen und Geräten zu tun hat, eine wertvolle Hilfe bieten.

Braunschweig, im Januar 1958 **Franz Unger**

Inhaltsverzeichnis

ERSTER TEIL

VDE-Schaltungsnormen

I. Schaltzeichen ... 1
II. Klemmbezeichnungen ... 3

ZWEITER TEIL

Meßgeräte und Meßverfahren

I. Messung elektrischer Größen ... 6
II. Messung mechanischer Größen ... 10
III. Temperaturmessung ... 11

DRITTER TEIL

Die wichtigsten Eigenschaften der elektrischen Maschinen, Elektromagnete und Transformatoren

I. Der Elektromagnet ... 13
II. Die Gleichstrommaschine ... 16
III. Der Transformator ... 24
IV. Die synchrone Wechselstrommaschine ... 27
V. Die asynchrone Induktionsmaschine ... 33
VI. Der Einankerumformer ... 42
VII. Die Wechselstromwendermotoren ... 42
VIII. Der Quecksilberdampf-Gleichrichter ... 47

VIERTER TEIL

Elementare Untersuchungen

I. Untersuchung von Elektromagneten ... 48
II. Messungen an Gleichstrommaschinen ... 49
III. Messungen am Transformator ... 60
IV. Messungen an Synchronmaschinen ... 63
V. Messungen an asynchronen Induktionsmaschinen ... 67
VI. Messungen am Quecksilberdampf-Gleichrichter ... 71

FÜNFTER TEIL

Maschinenuntersuchungen für Fortgeschrittene

I. Ausgleichmaschinen und Gleichstrom-Dreileiterschaltung ... 74
II. Anlassen und Drehzahlregelung von Elektromotoren ... 77

III. Anlassen und Drehzahlregelung von Gleichstrommotoren 80
IV. Anlassen und Drehzahlregelung von Induktionsmotoren 86
V. Parallelarbeiten und Phasenkompensation 90
VI. Parallelbetrieb von Gleichstrommaschinen 92
VII. Parallelbetrieb von synchronen Wechselstrommaschinen 94
VIII. Parallelbetrieb von Transformatoren 96
IX. Phasenkompensation 99
X. Parallelbetrieb des Einankerumformers mit einem starken Drehstromnetz 101

SECHSTER TEIL

Prüfen elektrischer Maschinen und Transformatoren

I. Allgemeines 103
II. Erwärmung 104
III. Leerlauf 109
IV. Belastbarkeit 111
V. Wirkungsgrad und Verluste 113
VI. Spannung und Spannungsanstieg 117
VII. Drehsinn und Drehzahl 119
VIII. Schaltgruppe und Übersetzung 119
IX. Prüfung einer Gleichstrom-Nebenschlußmaschine 120
X. Prüfung einer Umformer-Metadyne 124
XI. Prüfung einer Drehstrom-Synchronmaschine 125
XII. Prüfung eines Drehstrom-Induktionsmotors 127
XIII. Prüfung von Wechselstromwendermotoren 130
XIV. Prüfung eines Drehstrom-Öltransformators 131

Namen- und Sachverzeichnis 133

Bedeutung der Formelzeichen*)

AW	= Durchflutung (Amperewindungen)
2 a	= Parallele Stromzweige
B	= Induktion
b	= Faktor
C	= Kapazität
c	= Spezifische Wärme
d	= Durchmesser
E	= Elektromotorische Kraft
e	= 2,71828...
F	= Fläche
f	= Frequenz
$f($	= Funktionszeichen
G	= Gewicht
g	= Erdbeschleunigung
I	= Strom
i	= Strom
k	= Konstante
L	= Induktivität
l	= Länge
M	= Drehmoment
m	= Phasenzahl
N	= Leistung
n	= Drehzahl
P	= Kraft
p	= Polpaarzahl
Q	= Wärmemenge
R	= Widerstand
r	= Wicklungswiderstand
s	= Schlupf
T	= Zeitkonstante
t	= Zeit
U	= Spannung
u_k	= Spannungsverhältnis
$ü$	= Übersetzung
V	= Leistungsverlust
v	= Geschwindigkeit
w	= Windungszahl
x	= Blindwiderstand (ωL)
x, y	= Unbekannte
x, y, z	= Ordinaten
Z	= Ankerleiterzahl
z	= Zahlenwert
α	= Winkel
α_k	= Wärmeübertrittswert
β	= Winkel
γ	= Winkel
δ	= Luftspalt
ε	= Wärmeabgabewert
η	= Wirkungsgrad
Θ	= Übertemperatur
ϑ	= Temperatur
λ	= Wärmeleitwert
λ	= Leistungsfaktor (Gleichrichter)
μ	= Permeabilität
μ_0	= Induktionskonstante
ν	= Verzerrungsfaktor
π	= 3,14159...
τ	= Schwingungszahl
Φ	= Magnetischer Fluß
φ	= Phasenwinkel
$\varphi($	= Funktionszeichen
ω	= Winkelgeschwindigkeit
ω	= $2\pi f$ (Kreisfrequenz)
$\widehat{+}$	= Vektorsummenzeichen

*) Die neuen Normen-Entwürfe des AEF vom 11. September 1957 planen als Formelzeichen für Kraft F, für Leistung P und für Querschnitt Q zu verwenden.

ERSTER TEIL

VDE-Schaltungsnormen

I. Schaltzeichen

Hauptstromleitungen ohne Verbindung

Hilfsstromleitungen, z. B. Polraderregung, mit Verbindung

Stromsicherung

Trennschalter

Schalter einpolig – zweipolig

Schalter zweipolig (Kurzzeichen)

Leistungsschalter

Dreiphasiger Stern-Dreieck-Umschalter (Kurzzeichen)

Ohmscher Widerstand (Wirkwiderstand)

stetig regelbarer ohmscher Spannungsleiter

Stufig regelbarer ohmscher Widerstand

Wicklung, induktiver Widerstand

Kondensator

Anlaß- und Regelwiderstand für Gleichstrommaschinen

Drehstromanlaß- und Regelwiderstand mit geschlossenem Sternpunkt

Meßgeräte für Spannung (V), Strom (A), Leistung (W) und Frequenz (F)

Synchronisiereinrichtung (z. B. dreiphasig)

Spannungsmesser mit Drehspulmeßwerk (mißt arithm. Mittelwert)

Spannungsmesser mit Weicheisenmeßwerk (mißt Effektivwert)

Stromwandler

Galvanische Stromquelle

Galvanische Batterie

Ventil

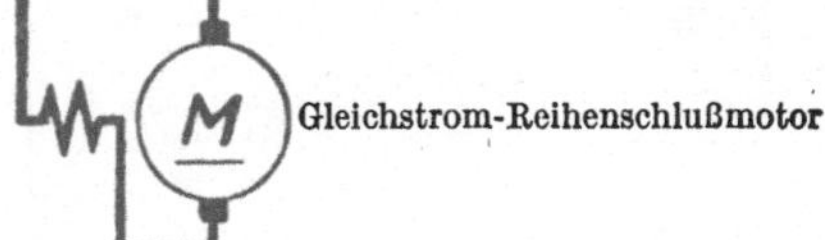

Gleichstrom-Reihenschlußmotor

Gleichstrom-Doppelschlußgenerator, selbsterregt

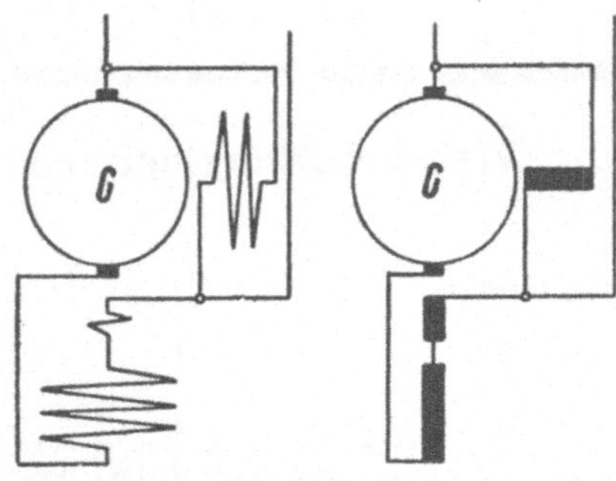

Gleichstrom-Nebenschlußmaschine mit Wendepolen und Kompensationswicklung

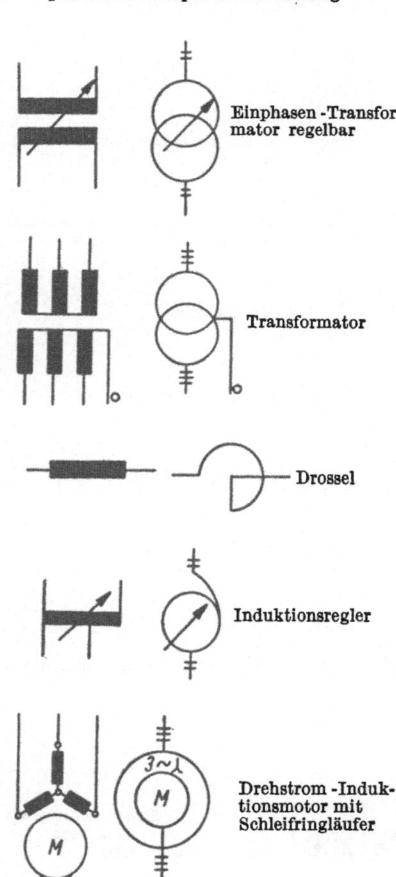

Einphasen-Transformator regelbar

Transformator

Drossel

Induktionsregler

Drehstrom-Induktionsmotor mit Schleifringläufer

Drehstrom-Induktionsmotor mit Käfigläufer (Kurzzeichen)

Drehstrom-Asynchronmotor mit Polumschaltung (z. B. 2 und 3 Polpaare) 2 getrennte Wicklungen im Ständer, mit Käfigläufer (Kurzzeichen)

Einphasen - Induktionsmotor mit Hilfsphase und Käfigläufer (Kurzzeichen)

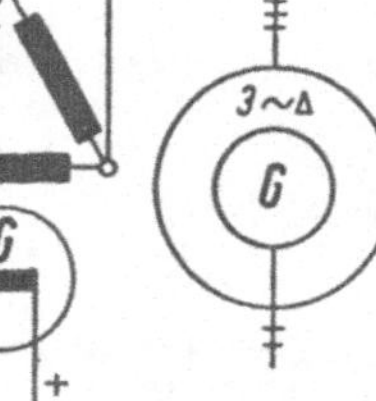

Drehstrom- Synchron- Generator in Δ-Schaltung

Einphasen-Reihenschlußmotor mit Wendepol und Kompensationswicklungen

Repulsionsmotor

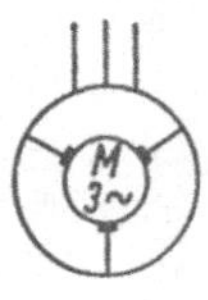

Drehstrom-Reihenschlußmotor

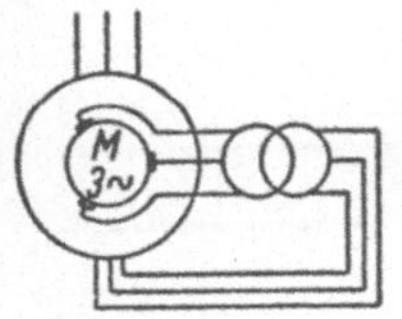

Drehstrom-Reihenschluß-motor mit Zwischentransformator

Drehstrom-Nebenschluß-motor ständergespeist

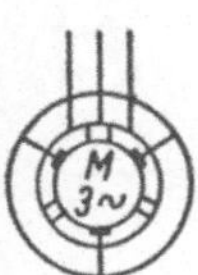

Drehstrom-Nebenschluß-motor läufergespeist

Einanker-Umformer, dreiphasig (Kurzzeichen)

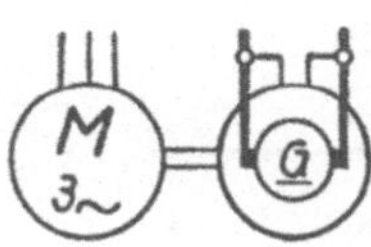

Kupplung von Drehstrommotor und selbsterregtem Gleichstromgenerator (Kurzzeichen)

Haupt-/Erreger-/Zündanode für Entladungsgefäß

Direkt geheizte/indirekt geheizte/Quecksilber-Kathode für Entladungsgefäße

Quecksilberdampf-Gleichrichter mit 3 Anoden, 3 Steuergittern, 2 Erregeranoden, 1 Zündanode

II. Klemmenbezeichnungen

1. Gleichstrom

Maschinen:

Anker .... *A—B*
Nebenschlußwicklung .... *C—D*
Reihenschlußwicklung .... *E—F*
Wendepol- bzw. Kompensationswicklung .... *G—H*
Fremderregte Feldwicklung .... *I—K*

Anlasser:

Klemme für Anschluß an Netz .... *L*
Klemme für Anschluß an Anker .... *R*
Klemme für Anschluß an Nebenschlußwicklung .... *M*

Regler:

Klemme für Anschluß an Nebenschlußwicklung .... *s*
Klemme für Anschluß an Anker oder Netz .... *t*
Klemme für Anschluß an Anker oder Netz zum Kurzschließen der Nebenschlußwicklung .... *q*

Netzleitungen:

Positiver Leiter .... *P*
Negativer Leiter .... *N*
Mittelleiter .... M_p

Beispiele: (Bild 1 und 2)

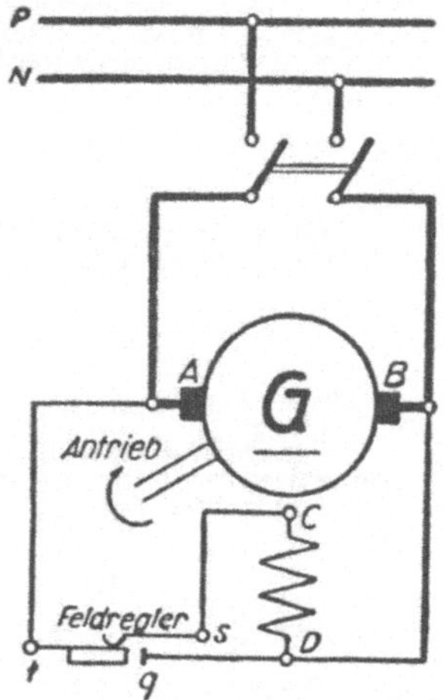

Bild 1. Gleichstromgenerator mit Feldregler

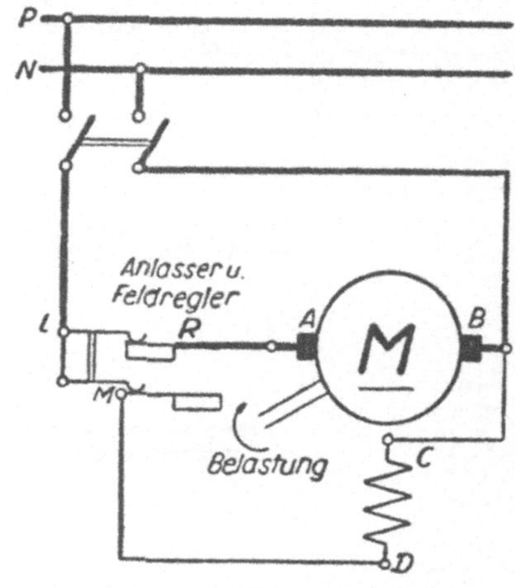

Bild 2. Gleichstrommotor mit Anlasser

2. Wechselstrom

Maschinen:	primär	sekundär
Drehstrom verkettet	U, V, W	u, v, w
Drehstrom unverkettet	$U-X, V-Y, W-Z$	$u-x, v-y, w-z$
Zweiphasenstrom verkettet	U, XY, V	u, xy, v
Zweiphasenstrom unverkettet	$U-X, V-Y$	$u-x, v-y$
Einphasenstrom allgemein	U, V	
Einphasenstrom Hauptwicklung	U, V	
Einphasenstrom Hilfswicklung	W, Z	
Mehrphasenstrom allgem. Sternpunkt ..	M_p	m_p
Gleichstromerregerwicklung	$I-K$	

Anlasser:		
Drehstrom verkettet (Sekundäranlasser) .		u, v, w
Drehstrom unverkettet (Sekundäranlasser)		$u-x, v-y, w-z$
Zweiphasenstrom verkettet (Sekundäranlasser)		u, xy, v
Zweiphasenstrom unverkettet (Sekundäranlasser)		$u-x, v-y$
Drehstrom (primär im Sternpunkt angeschlossen)	X, Y, Z	
Drehstrom (primär zwischen Netz und Motor)	$U-X, V-Y, W-Z$	
Drehstrom-Umkehranlasser Netzanschl.) .	R, S, T	

Anlasser:	primär	sekundär
Drehstrom-Umkehranlasser an Primäranker	$U (W), V, W (U)$	
Regler für Gleichstrom	s, t, q	
Stromwandler	$K-L$	$k-l$

Netzleitungen:		
Drehstrom Hauptleiter	R, S, T	
Drehstrom Sternpunktleiter	M_p	
Zweiphasenstrom verkettet, Hauptleiter	R, S	
Zweiphasenstrom verkettet, Knotenpunktleiter	TQ	
Zweiphasenstrom unverkettet, Leiter	$R-T, S-Q$	
Einphasenstrom Hauptleiter	R, S oder R, T	
Einphasenstrom Mittelpunktleiter	M_p	

Transformatoren und Spannungswandler:	Oberspannungswicklung	Unterspannungswicklung
Drehstrom verkettet	U, V, W	u, v, w
Drehstrom unverkettet	$U-X, V-Y, W-Z$	$u-x, v-y, w-z$
Einphasenstrom	$U-V$	$u-v$
Sternpunkt bzw. Mittelpunkt	M_p	m_p

Beispiele: (Bild 3 und 4)

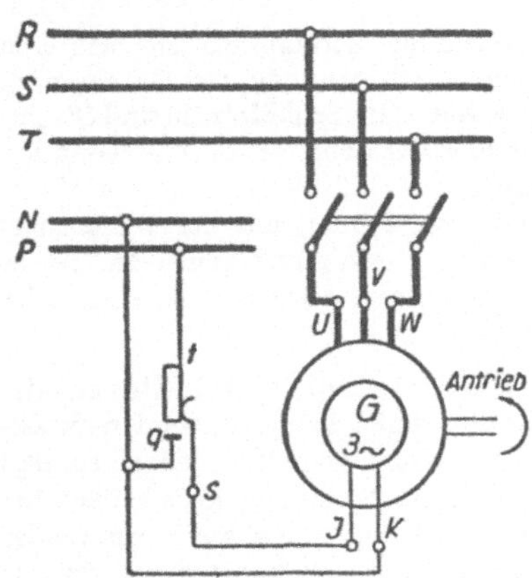

Bild 3. Synchronmaschine mit Magnetregler

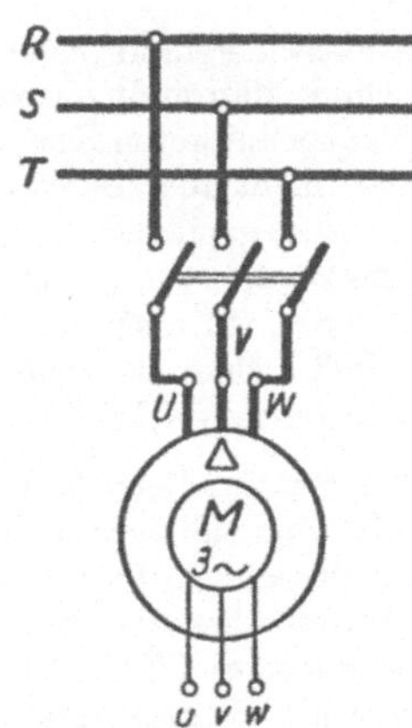

Bild 4. Drehstrom-Motor, Ständer in Δ geschaltet, mit Schleifringen für Sekundäranlasser

ZWEITER TEIL

Meßgeräte und Meßverfahren

I. Messung elektrischer Größen

Alle Messungen müssen mit der höchsten betrieblich möglichen Genauigkeit durchgeführt werden, die innerhalb der Toleranzen liegen muß. Für Prüfungen gemäß den VDE-Regeln sollen daher nur Meßgeräte der Genauigkeitsklasse 0,2%, mindestens aber 0,5%, also Prüffeld-Meßgeräte, verwendet werden. Sie müssen vor und nach der Messung geeicht werden. Bei Wechselstrommessungen über Meßwandler ist besondere Sorgfalt geboten, weil sich die Meßfehler der Wandler zu denen der Meßgeräte addieren können.

1. Stromdurchgang

Die Untersuchung, ob ein Wicklungsstrang keine Unterbrechung hat, wird zweckmäßig mit Induktor und Wecker oder mit Batterie und Wecker bzw. Lampe durchgeführt. Eine besondere Meßgenauigkeit ist dabei nicht erforderlich.

2. Widerstand

Der Isolationswiderstand einer gesunden Wicklung beträgt bis zu mehreren Millionen Ohm. Man mißt ihn zweckmäßig mit Gleichspannung und Gleichstrom. Stets muß dabei auf guten Kontakt geachtet werden. Bei Schleifringen und Stromwendern darf nicht über Bürsten, vielmehr muß stets über metallische Kontakte (Kontaktspitzen) gemessen werden. Der Durchgangs-Widerstand ruhender Wicklungsstränge wird, wenn voraussichtlich größer als 1 Ohm, mit der *Wheatstone*-Meßbrücke oder indirekt mittels Gleichstrom und -spannung gemessen. Ist er voraussichtlich kleiner, so muß er entweder mit der *Thomson*-Meßbrücke oder mit Gleichstrom und Gleichspannung gemessen werden.

Widerstände von im Betriebe umlaufenden Wicklungen, die an Schleifringe oder Stromwender angeschlossen und nur über Bürsten zugänglich sind, werden zweckmäßig im Stillstand mittels Gleichstrom und -spannung gemessen, jedoch so, daß zwar der Strom über die Bürsten geleitet wird, die Spannung jedoch über besondere Leitungen und Kontaktspitzen an den Schleifringen bzw. am Stromwender abgegriffen wird. Stromwenderanker müssen dabei langsam hin und her gedreht werden, damit der Strom möglichst gleichmäßig an die einzelnen Segmente übergeht. Die Kontaktspitzen müssen dabei an genau bezeichneten Segmenten in genauem Abstande der Bürstenachsen zweier benachbarter Bürsten (+ und −) festgehalten werden. Um Erwärmungen zu vermeiden, darf der Strom dabei nicht zu groß gehalten werden. Der (Drehspul-) Spannungsmesser vollführt dabei leichte Schwankungen des Zeigers, der Mittelwert der Anzeige gibt die richtige Spannung. Aus Strom und Spannung errechnet man dann den Widerstand.

Der Bürstenübergangswiderstand ist stromabhängig, man rechnet daher besser mit der Bürstenübergangsspannung. In den „Regeln für elektrische Maschinen" VDE 0530/7.55 § 60 wird die Übergangsspannung je Bürste für Kohle- und Graphitbürsten mit 1,0 V, für metallhaltige Bürsten mit 0,3 V angegeben. Für genauere Untersuchungen ist es besser, diese Spannung zu messen, weil sie stromabhängig ist. Bei Stromwenderankern isoliert man zwei Bürsten derselben Bürstenbrücke gegeneinander, verbindet sie über einen Regelwiderstand mit einer Gleichstromquelle niedriger Spannung und mißt über die Bürsten stufenweise Strom und Spannung, während der Anker im Leerlauf mit Nenndrehzahl umläuft.

3. Strom

Zur Gleichstrommessung verwendet man ausschließlich Drehspulmeßgeräte mit Nebenwiderständen. Sie haben einen sehr geringen Stromverbrauch und eine große Meßgenauigkeit.

Zur Wechselstrommessung dienen hauptsächlich dynamometrische oder Dreheisen-Strommesser, seltener (frequenzunabhängige) Hitzdrahtgeräte. Die größte Meßgenauigkeit bei geringem Eigenverbrauch besitzen Drehspulgeräte mit Trockengleichrichter, die aber arithmetischen Mittelwert anzeigen, oder mit Vakuum-Thermoelement, das zwar Effektivwert anzeigt, aber bei etwas trägem Gang.

4. Spannung

Zur Gleichspannungsmessung werden ausschließlich Drehspulgeräte mit Vorwiderständen verwendet. Die Meßsysteme sind die gleichen wie für die Strommessung, die Vorwiderstände sind meist eingebaut.

Zur Wechselspannungsmessung verwendet man dynamometrische oder Dreheisen-Spannungsmesser, selten Hitzdrahtgeräte. Oft werden auch mit den unter Punkt 3 erwähnten Einschränkungen Drehspulgeräte mit Trockengleichrichter oder Vakuum-Thermoelement verwendet. Stört die geringe Trägheit der Anzeige nicht, so kann man auch elektrostatische Spannungsmesser verwenden.

Die Kurvenform von Spannung und Strom (auch von der Leistung) kann mittels Oszillographen aufgenommen werden. Beim Schleifen-Oszillographen liegt die Eigenfrequenz der Meßschleife zwischen 2000 und 10000 Hz bei einem Eigenverbrauch von 20 bis 100 mA. Der Kathodenstrahl-Oszillograph gibt bei praktisch vernachlässigbarem Eigenverbrauch die Oberwellen verzerrungsfrei wieder.

5. Leistung

Gleichstromleistungen werden stets aus Spannung mal Strom errechnet.

Zur Messung von Wechselstromleistungen dienen ausschließlich dynamometrische Leistungsmesser (für höhere Genauigkeit mit eisenlosem Meßwerk). Leistungsmessungen an Drehstrommaschinen mit symmetrischer Phasenbelastung können mit einem Leistungsmesser mit Mittelpunkts-Vorwiderstand durchgeführt werden. Bei sehr großem Phasenwinkel φ und symmetrischer Phasenbelastung kann auch die Blindleistung gemessen werden, indem die Stromspule in den einen Phasenstrang und die Spannungsspule zwischen die beiden anderen Phasenstränge geschaltet wird. Die Blindleistung ist dann das $\sqrt{3}$fache der Anzeige. Bei unsymmetrischer Phasenbelastung wird in bekannter Weise mit zwei Leistungsmessern in Aronschaltung (Stromspulen in zwei Phasenstränge, Spannungsspulen zwischen Phase der zugehörigen Stromspule und dritte Phase nach Bild 67 eingebaut) gemessen. Die Ausschläge bei gleichem Richtungssinn sind nur dann entgegengesetzt gleich, wenn $\varphi = 90°$ ist. Bei voller Spannung und vollem Strom, verschiedenen Ausschlägen α_1 und α_2 induktiver bzw. kapazitiver symmetrischer Belastung ist:

Induktiv	$\alpha_1 = -\frac{1}{2}$	$\alpha_2 = +\frac{1}{2}$	$\varphi = 90°$ $\cos\varphi = 0$
,,	$\alpha_1 = 0$	$\alpha_2 = +\frac{\sqrt{3}}{2}$	$\varphi = 60°$ $\cos\varphi = 0{,}5$
,,	$\alpha_1 = +\frac{1}{2}$	$\alpha_2 = +1$	$\varphi = 30°$ $\cos\varphi = 0{,}866$
,,	$\alpha_1 = +\frac{\sqrt{3}}{2}$	$\alpha_2 = +\frac{\sqrt{3}}{2}$	$\varphi = 0$ $\cos\varphi = 1$
Kapazitiv	$\alpha_1 = +1$	$\alpha_2 = +\frac{1}{2}$	$\varphi = 30°$ $\cos\varphi = 0{,}866$
,,	$\alpha_1 = +\frac{\sqrt{3}}{2}$	$\alpha_2 = 0$	$\varphi = 60°$ $\cos\varphi = 0{,}5$
,,	$\alpha_1 = +\frac{1}{2}$	$\alpha_2 = -\frac{1}{2}$	$\varphi = 90°$ $\cos\varphi = 0$.

Der mittlere Leistungsfaktor errechnet sich nach folgender Gleichung:

$$\operatorname{tang}\varphi = \sqrt{3}\,\frac{\alpha_1 - \alpha_2}{\alpha_1 + \alpha_2} \qquad \cos\varphi = \frac{\alpha_1 + \alpha_2}{\sqrt{(\alpha_1 + \alpha_2)^2 + 3\,(\alpha_1 - \alpha_2)^2}}$$

Stets muß die Spule mit dem kleineren Eigenverbrauch (einschließlich Vor- bzw. Nebenwiderstand) zunächst an das Meßobjekt gelegt werden, dahinter die andere Spule, weil die Anzeige um diesen Betrag beim Generator zu klein, beim Motor zu groß wird. Für Meßwandler gilt der gleiche Grundsatz.

6. Meßbereich und Leistungsverbrauch elektrischer Meßgeräte

	Meßbereich	Leistungsverbrauch bei Endausschlag
Strommessung:		
Drehspulgeräte (Gleichstrom)	0,2 A	0,02 VA
Drehspulgeräte (Gleichstrom)	100 A	10 VA
Dreheisen-, dynamometrische Geräte, Leistungsmesser-Stromspulen	5 A	3 VA
Hitzdrahtgeräte............................	5 A	6 VA
Drehspulgeräte mit Trockengleichrichter	5 A	5 VA
Drehspulgeräte mit Vakuum-Thermoelement .	0,02 A	0,01 VA
Drehspulgeräte mit Vakuum-Thermoelement .	0,1 A	0,025 VA
Spannungsmessung:		
Drehspulgeräte (Gleichstrom)	0,04 V	0,0004 VA
Drehspulgeräte (Gleichstrom)	250 V	2,5 VA
Dreheisen-, dynamometrische Geräte, Leistungsmesser-Spannungsspulen	30 V	9 VA
Hitzdrahtgeräte............................	30 V	4,5 VA
Drehspulgeräte mit Trockengleichrichter	0,04 V	0,0004 VA
Drehspulgeräte mit Trockengleichrichter	250 V	2,5 VA
Drehspulgeräte mit Vakuum-Thermoelement .	1 V	0,0001 VA
Drehspulgeräte mit Vakuum-Thermoelement .	100 V	1 VA

7. Leistungsfaktor (cos φ)

Er wird gewöhnlich aus Spannung, Strom und Leistung errechnet. Für genaue Prüfungen sind die als Leistungsfaktor-Meßgeräte verwendeten Kreuzspulgeräte zu ungenau. Neuerdings gibt es auch genauere Leistungsfaktorgeräte.

8. Frequenz

Sie wird meist mit dem sehr genauen Zungen-Frequenzmesser gemessen. Induktions- und Kreuzeisen-Frequenzmesser besitzen größere Meßbereiche, sind aber nicht so genau in der Anzeige.

9. Meßwandler

Zur Isolierung der Meßgeräte gegen Hochspannung werden Spannungs- und Stromwandler verwendet, Stromwandler allein auch bei Verwendung von Präzisions-Strom- und Leistungsmessern der Genauigkeitsklasse 0,2%. Die Bürde des Wandlers darf nie überschritten werden, sonst entstehen unkontrollierbare Meßfehler. Für Abnahmeprüfungen sollen möglichst nur Wandler der Genauigkeitsklasse 0,2% verwendet werden. Über die Schaltung siehe Punkt 5 letzter Absatz.

Bei *Spannungswandlern* treten Meßfehler als Spannungsfehler und als Phasenverschiebungsfehler auf. Bei gegebener angeschlossener Bürde bleibt der Spannungsfehler (in % der Nennspannung) unabhängig von Spannungsänderungen konstant (weniger als 0,5%), er ist zur Bürde proportional, also leicht zu korrigieren. Der Phasenverschiebungsfehler ist vernachlässigbar klein (Fehlwinkel kleiner als 20 Minuten).

Bei *Stromwandlern* treten Stromfehler und Phasenverschiebungsfehler auf. Der Phasenverschiebungsfehler F in % des gemessenen Stromes berechnet sich nach der Formel:

$$F = \frac{\pi \delta}{108} \tan \varphi,$$

er muß bei induktiver Belastung vom Meßwert des Stromes abgezogen, bei kapazitiver hinzugezählt werden. Der Fehlwinkel δ beträgt bei Präzisionswandlern etwa 40 Minuten. Bei Leistungsmessungen gilt dieselbe Formel für die Korrektur der Leistungsanzeige (auch bei Aronschaltung).

Stromführende unbelastete Stromwandler stets kurzschließen!

II. Messung mechanischer Größen

Alle Messungen müssen mit der größtmöglichen Genauigkeit durchgeführt werden, die innerhalb der Toleranzen bleiben muß.

1. Drehzahl und Schlupf

Zur Drehzahlmessung dienen Fliehkraft-Tachometer (ungenau), elektrische Tachometer, bestehend aus kleinen Synchronmaschinen, die über Trockengleichrichter auf Drehspulmeßgeräte einwirken (Meßgenauigkeit 0,2 bis 0,5%). Noch genauer ist das Lichtblitz-Stroboskop, das mit frequenzgesteuerten Lichtblitzen arbeitet.

Für die Schlupfmessung an Schleifringmotoren genügt es, eine Magnetnadel in die Nähe eines Leiterzweiges zwischen Bürste und Anlasser zu bringen und die Schwingungen zu zählen. Bei Kurzschlußmotoren bringt man eine empfindliche flache Induktionsspule (Schlupfspule) in das schwache Streufeld am Lagerschild und zählt die Schwingungen mittels Stoppuhr und eines polarisierten Galvanometers oder Telephons. Nach *Peuckert* zählt man durch den Schlitz einer auf der Motorwelle befestigten stroboskopischen Scheibe die Schwingungen des Glühfadens einer im Felde eines kräftigen Magneten befindlichen Kohlefadenlampe, die an dasselbe Wechselstromnetz angeschlossen ist, wie der Motor.

2. Drehmoment

Anlaßmomente mißt man über einen an der Welle befestigten Hebelarm. An der laufenden Maschine kann man die Drehmomente mit dem *Prony*schen Bremszaum messen (über Bremsbelag auf der Riemenscheibe und Hebel werden sie auf eine Waage übertragen, ungenau). Sehr kleine Momente mißt man mit Schnurscheibe.

Genauer ist das *Amsler*sche Torsions-Dynamometer (ein eingespannter Torsionsstab wird verhältnisgleich zum Drehmoment verdreht und der Verdrehungswinkel gemessen), verwendet man als Torsionselement eine Hohlwelle (zur Vergrößerung des Verdrehungswinkels), so kann man die Verdrehung mittels zweier Dehnungs-Meßstreifen (mit sehr dünnem Widerstandsdraht bewickelte Streifen aus dehnbarem Isolierstoff) messen, die man entgegengesetzt um je 45° gegen die Achsrichtung geneigt aufklebt, wobei die Drahtenden über Schleifringe und Bürsten mit Verstärker und Meßbrücke verbunden werden. Die Meßgenauigkeit liegt, je nach der Genauigkeit der Montage, bei 0,5 bis 1%.

Wirbelstrombremsen werden heute (häufig mit Wasserwirbelung verbunden) ebenso wie Wasserwirbelbremsen für die Messung von Drehmomenten bis zu mehreren Hundert mkg gebaut. Sie wirken auch über einen Hebelarm auf eine Waage. Ihr Nachteil ist, daß ihr Bremsmoment quadratisch mit der Drehzahl steigt und fällt.

Das genaueste Meßgerät für größere Drehmomente ist die Pendelmaschine, eine fremderregte Gleichstrommaschine mit drehbar gelagertem Gehäuse und Waagebalken. Wird sie als Generator angetrieben (Bremse), so regelt man ihr Bremsmoment mittels Erregung und Belastungswiderstand. Ihre Ankerleistung kann auch über einen Maschinensatz an ein Netz zurückgewonnen werden. Das am Waagebalken gemessene Drehmoment ist, abzüglich dem Reibungsmoment der Pendellager des Gehäuses, gleich dem an der Welle zugeführten Drehmoment. Die Meßgenauigkeit kann bei größeren Drehmomenten weniger als 0,1% betragen.

Einen brauchbaren Ersatz für die Pendelmaschine bietet eine geeichte fremderregte Gleichstrommaschine[1]). Man eicht sie bei konstantem Erregerstrom und annähernd konstanter Drehzahl, indem man ihren Ankerstrom in Abhängigkeit von ihrem Drehmoment mißt. Die Messungen werden mit verschiedenen Erregerströmen und Drehzahlen durchgeführt. Da die Drehzahl nur einen geringen Einfluß auf das Gesamtdrehmoment hat, genügt eine Eichung bei drei bis vier konstanten Drehzahlen, wobei jedesmal eine Kurvenschar (Drehmomente in Abhängigkeit von den Ankerströmen, mit den Erregerströmen als Parameter) entsteht. Diese Eichung, beispielsweise mittels einer Pendelmaschine, ist temperaturunabhängig und sehr genau (bis 0,3%).

3. Schwingungen und Geräusche

Mechanische Schwingungszahlen mißt man mit dem Zungenfrequenzmesser, ihre Intensität mit Schwingkristall, Schwingspulen u. dgl. Geräusche werden mit Suchtongerät in Phon gemessen.

4. Luftgeschwindigkeit

Man mißt mit Staudruckgerät den Staudruck z. B. in einem Luftkanal und rechnet den Druck in Geschwindigkeit um, wenn der Druckmesser nicht schon eine Geschwindigkeitsskala besitzt.

III. Temperaturmessung

Als Meßgeräte dienen Flüssigkeitsthermometer (Alkohol- oder Quecksilberfüllung), Thermoelemente, Widerstandsthermometer und schließlich die Maschinenwicklungen selbst. Die Meßgenauigkeit liegt für alle bei 0,5 bis 1%, vorausgesetzt, daß ein einwandfreier Wärmekontakt an der Meßstelle vorliegt. Die Erwärmung einer Wicklung kann aus der Widerstandszunahme errechnet werden, wenn man ihre Temperatur vor der Erwärmung gemessen hat (Näheres enthalten die Regeln des VDE).

---

[1]) *F. Unger*, Die Dichtung einer Hilfsmaschine, ETZ-B, Bd. 9, H. 3, S. 75-76.

Die Temperaturen ruhender Maschinenteile kann man mit allen Thermometerarten messen. In größere Maschinen werden oft ortsfeste Thermoelemente oder Meßwiderstände eingebaut. Bei Vergleichsmessungen ist stets die höhere Temperatur als richtig anzusehen. Bei Thermoelementen muß die Temperatur der kalten Lötstellen konstant gehalten werden.

Die Temperaturen umlaufender Maschinenteile kann man nur dann mit Thermoelementen oder Widerstandsthermometern messen, wenn man diese mit besonderen Schleifringen verbindet. Die Temperatur frei liegender Stellen kann man durch Strahlungsmessung mittels Thermosäule messen. Bei Induktionsmaschinen mit Kurzschlußläufer kann die Läufertemperatur aus Schlupfmessungen ermittelt werden[1]). In den meisten Fällen muß man sich mit der Widerstandsmessung am stillgesetzten Anker begnügen und mißt zur Kontrolle noch mit Flüssigkeitsthermometer.

---

[1]) *F. Unger*, Einfaches Verfahren zur Bestimmung der Erwärmung von Kurzschlußläufer-Motoren, ETZ-A, *78*, H. 4, S.506/507.

DRITTER TEIL

Die wichtigsten Eigenschaften der elektrischen Maschinen, Elektromagneten und Transformatoren

I. Der Elektromagnet

1. Zugkraft

Der Elektromagnet besteht aus einem Eisenkern, der eine Erregerwicklung trägt, und einem Ankerstück (Bild 5). Bei Wechselstromerregung müssen Kern und Anker aus Blechen aufgebaut sein, auch ist der Magnet dann meist mit einer Dämpferwicklung versehen.

Die Zugkraft eines Elektromagneten mit einem Luft- (Kern-) Querschnitt F [cm²] bei einem Luftspalt (Hub) δ [cm] nach Bild 5 ergibt sich unter der Voraussetzung, daß der Luftspalt im Verhältnis zu den Seitenabmessungen des Kernquerschnitts klein ist, nach *Maxwell* als:

$$P = F\left(\frac{B}{5000}\right)^2 = \frac{4}{F}(10^4\,\Phi)^2\ [\text{kg}] \qquad (1)$$

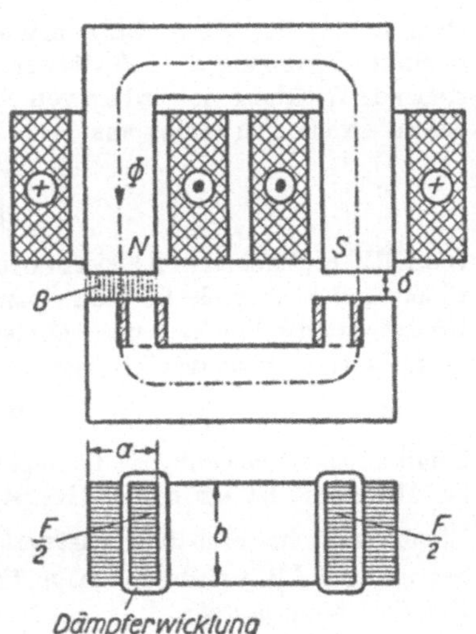

Bild 5. Wechselstrom-Elektromagnet mit Dämpferentwicklung

Dabei bedeutet B die Luftinduktion in Gauß und Φ den Fluß in Voltsekunden. Fließt durch die Erregerwicklung des Magneten mit der Windungszahl w ein Strom i, so ist $w\,i$ die magnetomotorische Kraft oder magnetische Spannung für den ganzen magnetischen Kreis.

Die magnetische Spannung wird in der Hauptsache im Luftspalt verbraucht. Man kann den magnetischen Widerstand des Eisenweges gegenüber dem des Luftspaltes im allgemeinen vernachlässigen und annehmen, daß die ganze magnetische Spannung (also die gesamte Erregung) nur auf den Luftspalt wirkt. In Luft ist die Induktion B gleich der Induktion B_0 im Vakuum, also gleich der Induktionskonstanten μ_0 mal der magnetischen Spannung für die Einheit des magnetischen Pfades. In jedem Augenblick gilt:

$$B = B_0 = \frac{\mu_0\, w\, i \cdot 10^8}{2\,\delta} = 1{,}256 \cdot \frac{w\,i}{2\,\delta}\,[\text{Gauß}]\,. \qquad (2)$$

Der Wert der Induktionskonstanten ist: $\mu_0 = \frac{4\,\mu}{1{,}00049 \cdot 10^9} = 1{,}256 \cdot 10^{-8}\left[\frac{\text{Vs}}{\text{A cm}}\right]$[1].

Setzt man diesen Wert in die Zugkraftformel ein, so erhält man:

$$P = 4\,F\left(1{,}256 \cdot 10^{-4}\,\frac{w\,i}{2\,\delta}\right)^2 = 6{,}31 \cdot 10^{-8}\,w^2\,i^2\,\frac{F}{4\,\delta^2}\,[\text{kg}]\,. \tag{3}$$

Somit ist die Zugkraft proportional dem Quadrat des Erregerstromes und umgekehrt proportional dem Quadrat des Luftspaltes.

2. Gleichstrom- und Wechselstrom-Elektromagnet

Nach Gleichung (3) ist die Zugkraft eines Elektromagneten proportional dem Quadrat des Erregerstromes, dem Luftquerschnitt und umgekehrt proportional dem Quadrat des Luftspaltes.

Legt man an die Wicklung eine Gleichspannung, so wird sie von einem Gleichstrom durchflossen, dessen Größe sich nach dem Ohmschen Gesetz richtet. Ist der Luftspalt δ klein im Verhältnis zu den Seitenabmessungen des Luftquerschnittes F, so kann man F für verschiedene Hübe als unveränderlich ansehen. Die Zugkraft wird sich also bei konstantem Strom I umgekehrt proportional mit dem Quadrat des Hubes ändern.

Ganz anders der Wechselstrommagnet. Legt man an ein Wechselstromnetz bestimmter Spannung U (Effektivwert) und Frequenz f eine aus w Windungen bestehende Wicklung, so wird sie von einem Wechselfluß Φ (Höchstwert) durchsetzt, dessen Größe sich ergibt aus:

$$E = \frac{2\,\pi}{\sqrt{2}}\,f\,w\,\Phi\,[\text{V}]\,. \tag{4}$$

Die EMK E (Effektivwert) ist um den Spannungsabfall durch Streuung und Wirkwiderstand kleiner als U. Sind Spannung und Frequenz fest gegeben, so ist der Höchstwert des Wechselflusses Φ ebenfalls konstant, somit bei konstantem Luftquerschnitt F auch der Höchstwert der Luftinduktion B, da ja:

$$\Phi = B\,F \cdot 10^{-8}\,. \tag{5}$$

Somit ist nach Gleichung (1) die Zugkraft konstant und unabhängig vom Luftspalt, ihr Mittelwert ist ihr halber Höchstwert.

Ein magnetischer Fluß Φ (Höchstwert) braucht zu seiner Erregung eine magnetische Spannung $w\,I\,\sqrt{2}$, wenn der magnetische Widerstand seines Pfades gleich R_m ist. Die Beziehung lautet:

$$\Phi = \frac{w\,I\sqrt{2}}{R_m}\,. \tag{6}$$

Der magnetische Widerstand läßt sich darstellen als:

$$R_m = \sum_0 \frac{\Delta l}{\mu_0\,\mu\,F}\,. \tag{7}$$

[1] $\frac{\text{Voltsekunde}}{\text{cm}^2} = 10^8$ Gauß.

Hierin bedeutet Δl die Länge eines einzelnen Pfadstückes, μ seine Permeabilität, F seinen Querschnitt. Vernachlässigt man den magnetischen Widerstand des Eisens gegenüber dem des Luftspaltes, so erhält man nach Bild 5:

$$R_m \approx \frac{2\,\delta}{\mu_0 F}\left[\frac{\mathrm{A}}{\mathrm{V}_s}\right]. \tag{7a}$$

Somit ergibt sich für den magnetischen Wechselfluß die Beziehung:

$$\Phi \approx w\, I\sqrt{2}\,\frac{\mu_0 F}{2\,\delta}. \tag{8}$$

Da der Fluß, wie schon gezeigt wurde, fest gegeben ist, unabhängig vom Luftspalt, so stellt sich der Erregerstrom je nach dem Luftspalt ein.

Die obigen Beziehungen gelten nur unter der Voraussetzung des homogenen Luftfeldes, d. h. unter der Annahme, daß der Luftspalt δ viel kleiner ist als eine der Seitenabmessungen des Querschnitts F. Bei größeren Luftspalten muß man stets mit einer seitlichen Ausbreitung der magnetischen Kraftlinien, also mit einer Vergrößerung des Luftquerschnitts und damit einer Verminderung des magnetischen Widerstandes rechnen.

Beim Gleichstrommagneten (i = const) ist nach Gleichung (2) die Induktion B für einen bestimmten Luftspalt fest gegeben. Nach Gleichung (3) ist die Zugkraft bei konstantem Strom (Gleichstrommagnet) proportional F/δ^2. Da F mit größerem δ größer wird, nimmt die Zugkraft mit zunehmendem Hub weniger als quadratisch ab. Bei kleinen Luftspalten wird die Induktion B durch die magnetische Sättigung des Eisens begrenzt: ein erheblicher Teil der magnetischen Spannung wird dann im Eisen verbraucht. Die Zugkraft wird also bei abnehmendem Hub weniger als quadratisch zunehmen, sie ist also bei $\delta = 0$ nicht Unendlich.

Beim Wechselstrommagneten (Φ = const) wird aus demselben Grunde die Induktion B mit wachsendem Luftspalt kleiner. Da nach Gleichung (1) die Zugkraft proportional zum Querschnitt und zum Quadrat der Induktion ist, so wird eine Abnahme der Induktion trotz Zunahme des Querschnittes eine Verringerung der Zugkraft bewirken.

Bei großen Hüben hat somit der Gleichstrommagnet eine höhere, der Wechselstrommagnet eine niedrigere, bei kleinen Hüben der Gleichstrommagnet eine niedrigere, der Wechselstrommagnet eine höhere Zugkraft, als nach der *Maxwell*schen Formel errechnet wird. Die richtigen Werte kann man, abgesehen von der Eisensättigung, ungefähr erfassen, wenn man für die Luftausbreitung eine lineare Vergrößerung des Querschnitts in jeder Richtung um die halbe Luftspaltgröße in die Rechnung einführt.

3. Dämpferwicklung

Die Zugkraft des Wechselstrommagneten ist zeitlich nicht konstant. Sie schwankt mit der doppelten Netzfrequenz zwischen Null und einem Höchstwert. Ihr Mittelwert ist, wie schon gezeigt, theoretisch unabhängig vom Luftspalt δ konstant. Die Schwankungen der Zugkraft führen zu Rüttelbewegungen des Ankers. Der Magnet „schnarrt“. Zur Vermeidung dieses lästigen Geräusches bei Wechselstrommagneten verwendet man die Dämpferwicklung, eine Kurzschlußwicklung, die, wie in Bild 5 angedeutet, nur einen Teil des Kernes umschließt. Dadurch wird der magnetische Fluß im Luftspalt in zwei gegeneinander phasenverschobene Teilflüsse aufgespalten, deren Zugkräfte mit ihren Höchstwerten zeitlich um denselben Winkel gegeneinander phasenverschoben sind. Somit wird in keinem Augenblick die Zugkraft Null, und bei genügender Phasenverschiebung und annähernder Gleichheit der Flüsse verschwindet das schnarrende Geräusch. Der Dämpferring umschließt gewöhnlich den halben Schenkelquerschnitt. In diesem Falle ist sein für die beste Aufteilung der beiden Flüsse günstigster Widerstand in Ohm $\left[\frac{\mathrm{V}}{\mathrm{A}}\right]$:

$$r_D = \frac{4}{\sqrt{2}} \pi^2 \cdot 10^{-9} \cdot f \frac{F}{\delta} \text{ [1)]}. \tag{9}$$

Bei großen Luftspalten wirkt die Dämpferwicklung nicht. Mit Rücksicht auf den Wechselfluß und die dadurch bedingten Eisenverluste muß der Eisenkern eines Wechselstrommagneten geblättert (aus Blechen zusammengesetzt) sein.

II. Die Gleichstrommaschine

1. Wirkungsweise

Die Gleichstrom-Unipolarmaschine ist eine Sonderausführung, die wegen ihrer beschränkten Verwendungsmöglichkeit hier nicht behandelt werden soll. Allgemein in Verwendung steht die Gleichstrom-Wechselpolmaschine in verschiedenen Schaltungen als Motor und Generator. Sie sei hier kurz gekennzeichnet.

Die Gleichstrommaschine besteht aus einem Anker mit Stromwender oder Kommutator und einem Magnetgestell, in dem die mit Gleichstrom erregten Pole untergebracht sind, die über ein Magnetjoch miteinander magnetisch verbunden werden. Das Joch ist meist als Gehäuse und Gestell mit Füßen ausgebildet. Der Anker trägt meist eine Trommelwicklung (selten Ringwicklung), deren einzelne Spulen mit den einzelnen Segmenten des Kommutators oder Stromwenders so verbunden sind, daß immer der Anfang einer Spule und das Ende der nächsten Spule auf ein und demselben Stromwendersegment liegen. Damit ergibt sich eine vollständg in sich geschlossene Wicklungsspirale. Die Wicklungsspirale kann mehrfach um den ganzen Anker herum verlaufen. Es können aber auch mehrere in sich geschlossene Wicklungsspiralen ineinandergeschoben auf dem Anker liegen. Die einzelnen Spulen der Trommelwicklung umgreifen angenähert je eine Polteilung.

Auf den Stromwender werden Bürsten aufgelegt, die paarweise um je eine Polteilung gegeneinander verschoben sind. Die Bürsten werden in die „neutrale Zone" gelegt, d. h. an jene Segmente des Stromwenders, an deren Spulen Spannungsumkehr eintritt. Da der Anker im Feld der Magnetpole umläuft und die Pole so angeordnet sind, daß Nordpol, Südpol, Nordpol usw. einander abwechseln, wird in der Wicklung des umlaufenden Ankers eine wechsel-elektromotorische Kraft induziert, die über Stromwender und Bürsten gleichgerichtet wird. Die so entstandene Gleichspannung E kann der Erregerwicklung der Magnetpole zugeführt werden (Nebenschlußmaschine). Die Pole können aber auch von einer anderen

1) *Unger*, Entwurf der Dämpferwicklung bei Wechselstrom-Hubmagneten (11), E. u. M. 1938, Heft 16.

Gleichspannung erregt werden (fremderregte Maschine). Sie können auch in den Ankerstromkreis in Reihe mit der Ankerwicklung geschaltet werden (Reihenschlußmaschine). Ferner kann man die Pole mit einer Nebenschluß- und einer Reihenschlußwicklung gleichzeitig erregen (Doppelschlußmaschine).

Beim Durchlaufen einer Ankerspule durch die neutrale Zone (Spannungsumkehr) werden ihre Segmente durch die Bürsten kurzgeschlossen, gleichzeitig kehrt der Ankerstrom in ihr seine Richtung um. Er wird „gewendet". Diese Umkehr bedeutet in der betreffenden Ankerspule auch eine Umkehr ihres Magnetfeldes und damit die Entstehung einer elektromotorischen Kraft der Selbstinduktion, der sogenannten Stromwendespannung. Die Stromwendespannung ist die Ursache des Bürstenfeuers. Zur Unterdrückung des Bürstenfeuers können die Bürsten etwas aus der neutralen Zone heraus verschoben werden, wobei jedoch der Verschiebungswinkel von der Belastung abhängt. Heute wird die Gleichstrommaschine meist mit Wendepolen ausgerüstet, das sind schmale, in der neutralen Zone liegende Pole, deren Erregerwicklung vom Ankerstrom I_a durchflossen wird. Durch Bewegung der stromwendenden Ankerspulen im Magnetfeld des Wendepoles entsteht in ihnen eine elektromotorische Kraft, die der Stromwendespannung entgegen gerichtet ist. Da die Stromwendespannung proportional ist dem gewendeten Ankerstrom und das Erregerfeld des Wendepoles ebenfalls proportional ist dem Ankerstrom, geschieht die Stromwendung innerhalb der Grenzen der Belastbarkeit der Maschine funkenfrei.

Fließen Belastungsströme in der Ankerwicklung, so erregen sie im Luftspalt der Maschine ein magnetisches Feld, das man als „Ankerrückwirkung" bezeichnet. Die Ankerrückwirkung wirkt quer- und gegenmagnetisierend auf die Hauptpole der Maschine, so daß eine Schwächung des magnetischen Flusses Φ der Maschine zustande kommt.

Für den Leerlauf jeder Gleichstrommaschine ergibt sich beim Erregerstrom I_e ein Fluß Φ_0:

$$\Phi_0 = \mathrm{f}\,(I_e). \tag{10}$$

Bei Belastung der Maschine wirken die Anker-AW zusammen mit den Erreger-AW magnetisierend auf den Erregerkreis. Stehen die Bürsten in der neutralen Zone, dann wirken sie nur quermagnetisierend. Sind die Bürsten aus der neutralen Zone heraus verschoben, um (ohne Wendepole) das Bürstenfeuer zu vermindern, so wirken sie quer- und gegenmagnetisierend. Die Ankerrückwirkung vermindert also unter allen Umständen den Erregerfluß Φ der Maschine nach der Beziehung:

$$\Phi = \mathrm{f}\,(I_e - \varphi\,[I_a]). \tag{11}$$

Beim Generator ist stets die Klemmenspannung U kleiner als die durch Drehung des Ankers im Erregerflusse induzierte elektromotorische Kraft, E beim Motor stets größer. Man kann allgemein schreiben:

$$E = U \pm I_a r, \tag{12}$$

wobei das Pluszeichen für den Generator, das Minuszeichen für den Motor gilt (r = Ankerwiderstand). In einfachster Weise läßt sich ableiten, daß die elektromotorische Kraft der Drehung proportional ist dem Produkt aus Drehzahl n und Fluß.

$$E = k_1 n \Phi. \tag{13}$$

Ebenso läßt sich ableiten, daß das Drehmoment M proportional ist dem Produkt aus Ankerstrom und Fluß.

$$M = k_2 I_a \Phi. \tag{14}$$

Setzt man für E den Wert aus Gleichung (12) und für Φ den Wert aus (11) ein, so erhält man:

$$U \pm I_a r = k_1 n \mathrm{f}\,(I_e - \varphi\,[I_a]). \tag{15}$$

Das Pluszeichen auf der linken Seite gilt für den Generator, das Minuszeichen für den Motor. Somit erhält man für den Generator die Klemmenspannung zu:

$$U = k_1 n \mathrm{f}\,(I_e - \varphi\,[I_a]) - I_a r \tag{16}$$

und für den Motor die Drehzahl:

$$n = \frac{E}{k_1 \Phi} = \frac{U - I_a r}{k_1 \mathrm{f}\,(I_e - \varphi\,[I_a])}\,. \tag{17}$$

2. Nebenschlußmaschine

Bei ihr (Bild 6) ergibt sich der Erregerstrom aus der Klemmenspannung und dem Erregerwiderstand zu:

$$I_e = \frac{U}{r_e}\,. \tag{18}$$

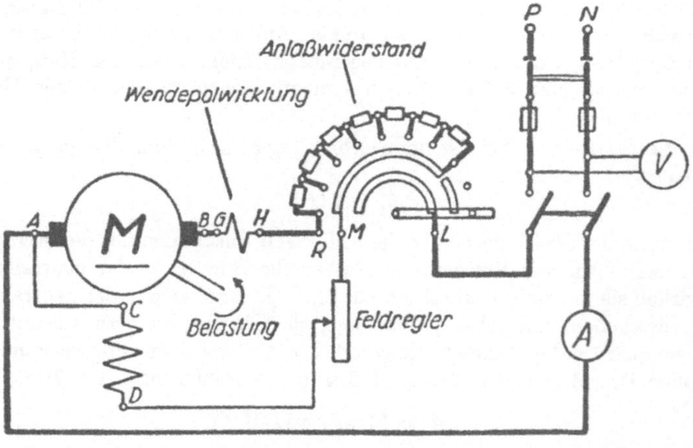

Bild 6. Schaltbild zum Anlassen und Regeln eines Gleichstrom-Nebenschlußmotors mit Wendepolen

Somit kann man Gleichung (16) und (17) folgendermaßen schreiben:

$$U = k_1\, n\, \mathrm{f}\left(\frac{U}{r_e} - \varphi\,[I_a]\right) - I_a r \tag{16a}$$

für den *Nebenschlußgenerator*;

mit zunehmender Belastung sinkt der Fluß, die Spannung der Maschine nimmt ab.

$$n = \frac{U - I_a r}{k_1 \, \mathrm{f}\left(\frac{U}{r_e} - \varphi\,[I_a]\right)} \tag{17a}$$

für den *Nebenschlußmotor*;
mit zunehmender Belastung sinkt der Fluß, Zähler und Nenner werden kleiner. Je nachdem, ob der Zähler mit zunehmender Belastung stärker abnimmt als der Nenner oder umgekehrt, sinkt die Drehzahl (stabiles Verhalten) oder steigt (labiles Verhalten, Vorsicht). Unterbricht man beim Nebenschlußmotor das Erregerfeld, so wird sein Erregerfluß null und somit die Drehzahl theoretisch unendlich. Der Motor geht durch.

3. Fremderregte Maschine

Da beim Nebenschlußmotor die Erregerwicklung parallel zur Ankerwicklung am Netz, also an einer konstanten Gleichspannung liegt, ist es gleich, ob die Erregerwicklung unmittelbar im Nebenschluß an die Ankerwicklung gelegt ist oder getrennt vom Netz gespeist wird. In beiden Fällen verhält sich die Maschine wie eine fremderregte Maschine. Der Nebenschlußmotor ist also identisch mit dem fremderregten Motor. Dagegen ist beim Generator insofern ein wesentlicher Unterschied, als der Erregerstrom (18) des Generators nach Gleichung (18) belastungsunabhängig ist.

Beim Nebenschlußmotor sinkt nach Gleichung (12) mit zunehmender Belastung die elektromotorische Kraft und mithin nach Gleichung (17a) die Drehzahl. Beim Nebenschlußgenerator sinkt mit zunehmender Belastung die Spannung, also auch der Erregerstrom, also auch der Magnetfluß. Dagegen bleibt beim fremderregten Generator der Erregerstrom konstant, daher sinkt mit zunehmender Belastung die Spannung beim Nebenschlußgenerator stärker ab als beim fremderregten Generator.

4. Hauptschlußmaschine

Bei ihr (Bild 39) ist:

$$I_e = I_a. \tag{19}$$

Folglich erhalten die Gleichungen (16) und (17) für die Hauptschlußmaschine die Form:

$$U = k_1 n \, \mathrm{f}\,(I_a - \varphi\,[I_a]) - I_a r \text{ (Hauptschlußgenerator).} \tag{16b}$$

Mit zunehmender Belastung steigt der Fluß bis zu einem Höchstwert, um weiterhin wieder abzusinken, die Spannung steigt auf einen Höchstwert und fällt dann etwas ab.

$$n = \frac{U - I_a r}{k_1 \, \mathrm{f}\,(I_a - \varphi\,[I_a])} \text{ (Hauptschlußmotor)}. \tag{17b}$$

Mit zunehmender Belastung steigt der Fluß bis zu einem Höchstwert, um dann etwas abzusinken, die Drehzahl sinkt mit zunehmender Belastung. Entlastet man den Hauptschlußmotor, so wird sein Ankerstrom sehr klein, sein Erregerfluß sehr klein, seine Drehzahl sehr groß, der Motor geht durch.

5. Anlaßvergang

In Bild 6 ist schematisch ein Gleichstromnebenschlußmotor mit Wendepolen, Anlasser und Magnetregler dargestellt. Die Klemmenbezeichnungen sind nach den VDE-Normen eingetragen.

Um beim Anlassen den Strom in zulässigen Grenzen zu halten, schaltet man zwischen Anker und Netz einen Anlaßwiderstand R. Für Stillstand gilt dann die Beziehung:

$$U = I_a (r + R). \qquad \textbf{(12a)}$$

Mit zunehmender Drehzahl verringert man R.

Beim Nebenschlußmotor muß der Anlasser stets so geschaltet sein, daß die Nebenschlußerregung bereits mit dem ersten Anlasserkontakt an voller Netzspannung liegt. Sie muß mit dem letzten Anlasserkontakt ebenfalls an voller Netzspannung liegen (Bild 6).

Die Drehzahl kann lastabhängig geregelt werden wie beim Anlaßvorgang durch Vorschalten von Widerstand vor den Ankerstromkreis. Dabei sinkt die Drehzahl mit Vergrößerung des Vorschaltwiderstandes (Regelanlasser). Sie kann auch geregelt werden beim Nebenschlußmotor durch Regelung der Nebenschlußerregung, indem man über einen Magnetregler den Widerstand im Erregerkreis ändert, wobei $\frac{\text{Vergrößerung}}{\text{Verkleinerung}}$ von r_e $\frac{\text{Verkleinerung}}{\text{Vergrößerung}}$ von Φ und damit $\frac{\text{Vergrößerung}}{\text{Verkleinerung}}$ der Drehzahl bedeutet. Beim Hauptschlußmotor kann sie durch Parallelschalten eines Regelwiderstandes zur Hauptschlußerregerwicklung geregelt werden. Dabei bedeutet $\frac{\text{Vergrößerung}}{\text{Verkleinerung}}$ des Nebenschlußwiderstandes $\frac{\text{Vergrößerung}}{\text{Verkleinerung}}$ von Φ und damit nach Gleichung (2) $\frac{\text{Verkleinerung}}{\text{Vergrößerung}}$ der Drehzahl.

6. Doppelschlußmaschine

Bei ihr (Bild 44) wirken Hauptschluß- und Nebenschlußerregung zusammen. Im Leerlauf ist der Anteil der Hauptschlußerregung null, der Erregerfluß läßt sich gemäß Gleichung (10) und (18) darstellen als:

$$\Phi_0 = \mathrm{f}\left(\frac{U}{r_e}\right). \qquad (20)$$

Bei Belastung wirken Haupt- und Nebenschlußerregung zusammen. Je nachdem, ob die beiden Erregungen im selben Sinne oder im entgegengesetzten Sinne wirken, unterscheiden wir Verbund- und Gegenverbundschaltungen. Nach dem früher Gesagten läßt sich der Erregerfluß der Doppelschlußmaschine durch folgende Gleichung darstellen:

$$\Phi = \mathrm{f}\left(\frac{U}{r_e} \pm b\, I_a - \varphi\,[I_a]\right), \qquad (21)$$

wobei das Pluszeichen sich auf Verbund-, das Minuszeichen auf Gegenverbundschaltung bezieht. Gewöhnlich führt man Doppelschlußmaschinen so aus, daß die Nebenschlußwicklung überwiegt, daß also der Anteil $\frac{U}{r_e}$ größer ist als der Anteil

bI_a. Die Ankerrückwirkung wirkt wie bei Haupt- und Nebenschlußmaschinen stets feldschwächend (Minusvorzeichen). Die Wirkungsweise der Doppelschlußmaschine als Generator und Motor läßt sich daher nach folgenden Gleichungsgruppen darstellen:

7. Verbundmaschine

Die Hauptschlußerregung *verstärkt* das Erregerfeld der Nebenschlußwicklung.

$$\text{Generator: } U = k_1\, n\, \mathfrak{f}\left(\frac{U}{r_e} + b\, I_a - \varphi\,[I_a]\right) - I_a\, r_a. \tag{22}$$

Mit zunehmender Belastung steigt der Fluß erst an, um bei allmählicher Sättigung der Maschine wieder abzufallen. Die Spannung der Maschine kann bei richtiger Wahl des Verhältnisses Hauptschlußerregung zu Nebenschlußerregung in weiten Grenzen konstant gehalten werden.

$$\text{Motor: } n = \frac{U - I_a\, r_a}{k_1\, \mathfrak{f}\left(\frac{U}{r_e} + bI_a - \varphi\,[I_a]\right)}. \tag{23}$$

Mit zunehmender Belastung steigt der Fluß. Die Drehzahl fällt mit zunehmender Belastung stark ab.

8. Gegenverbundmaschine

Die Hauptschlußerregung *schwächt* das Erregerfeld der Nebenschlußwicklung.

$$\text{Generator: } U = k_1\, n\, \mathfrak{f}\left(\frac{U}{r_e} - b\, I_a - \varphi\,[I_a]\right) - I_a\, r_a. \tag{24}$$

Mit zunehmender Belastung nimmt der Fluß ab, die Spannung sinkt stärker als bei der Nebenschlußmaschine (z. B. Schweißgenerator).

$$\text{Motor: } n = \frac{U - I_a\, r_a}{k_1\, \mathfrak{f}\left(\frac{U}{r_e} - b\, I_a - \varphi\,[I_a]\right.}. \tag{25}$$

Mit zunehmender Belastung sinkt der Fluß, die Drehzahl steigt, die Maschine wird leicht labil.

9. Querfeldmaschine

Sie ist eine fremderregte Gleichstrommaschine mit zwei um 90° (elektrisch) versetzten Bürstensätzen je Polpaar (Bild 7). Ihre Pole sind in je zwei Hälften gespalten, das Bürstenpaar yy senkrecht zur Erregerfeldachse (Polachse xx) ist kurzgeschlossen. Die Erregerwicklung umschließt die beiden Halbpolpaare in xx-Richtung. Wird diese Wicklung an eine Gleichspannung angelegt, so fließt in ihr ein Erregerstrom, dessen Durchflutung AW_e einen magnetischen Fluß Φ_x erregt, der in der Ankerwicklung zwischen den Bürsten yy eine EMK induziert, der ein Strom I_y nach der Gleichung folgt:

$$I_y = \frac{k\, n\, \Phi_x}{r_a}\,, \tag{26}$$

worin $k = \frac{p}{a}\frac{Z}{60}$, Z die gesamte Ankerleiterzahl, p die Polpaarzahl, n die minutliche Drehzahl, $2\,a$ die Anzahl paralleler Ankerstromzweige und r_a den Widerstand der Ankerwicklung bedeuten. Mit der wirksamen Ankerwindungszahl $w_a = \frac{Z}{2\,a\,p}$ ergibt sich die Ankerdurchflutung in yy-Richtung AW_y zu:

$$AW_y = w_a\, I_y. \tag{27}$$

Sie erregt in der yy-Richtung einen Fluß Φ_y, der sich mit der magnetischen Leitfähigkeit Λ_y in der yy-Richtung schreiben läßt:

$$\Phi_y = w_a\, I_y\, \Lambda_y. \tag{28}$$

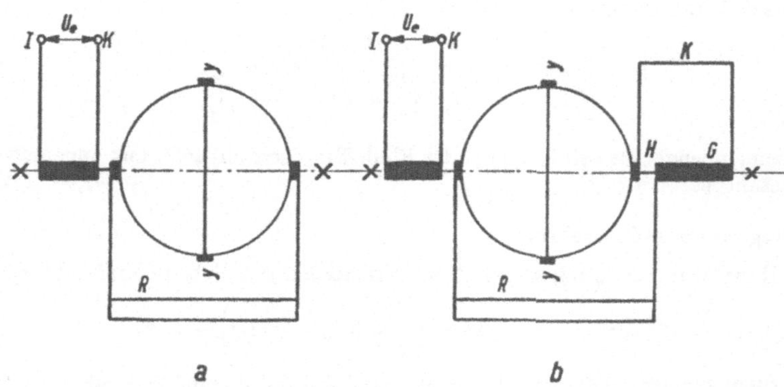

Bild 7. a Schaltbild einer Metadyne b Schaltbild einer Amplidyne

Φ_y induziert zwischen den xx-Bürsten eine EMK, die der Summe von Ankerwiderstand r_a und Belastungswiderstand R das Gleichgewicht hält, wobei der Belastungsstrom I_x fließt:

$$I_x = \frac{k\, n\, \Phi_y}{r_a + R}. \tag{29}$$

Die Durchflutung des Belastungsstromes I_x ist:

$$AW_x = w_a\, I_x\,, \tag{30}$$

sie ist die Ankerrückwirkung und wirkt gegen die Erregerdurchflutung Θ_e, wenn sie nicht durch eine Kompensationswicklung kompensiert wird. Somit ergeben sich zwei mögliche Wirkungsweisen dieser Maschine.

a) *Keine Kompensationswicklung* (Bild 7a)

Der Fluß in der xx-Richtung ergibt sich dann aus der Gleichung:

$$\Phi_x = (AW_e - w_a\, I_x)\, \Lambda_x, \tag{31}$$

wo Λ_x die magnetische Leitfähigkeit in der xx-Richtung bedeutet. Mit den Gl. (26, 28, 29 und 31) erhält man zwei Gleichungen für I_y:

$$I_y = \frac{(r_a + R)\, I_x}{k\, n\, w_a\, \Lambda_y} = \frac{k\, n}{r_a} (A W_e - w_a I_x)\, \Lambda_x \qquad (32)$$

und daraus:

$$I_x = \frac{k^2 n^2 w_a \Lambda_x \Lambda_y}{r_a (r_a + R) + k^2 n^2 w_a^2 \Lambda_x \Lambda_y} A W_e . \qquad (33)$$

Ist $k^2 n^2 w_a^2 \Lambda_x \Lambda_y$ viel größer als $r_a (r_a + R)$, so gilt annähernd:

$$I_x = \frac{A W_e}{w_a} = \text{const.}$$

Diese Maschine ist die *Rosenberg*sche Konstantstrommaschine oder „Metadyne“. R kann in ziemlich weiten Grenzen verändert werden.

b) *Vollständige Kompensationswicklung* (Bild 7b).

Die Ankerrückwirkung in xx-Richtung $w_a I_x$ ist aufgehoben, es gilt:

$$\Phi_x = A W_e \Lambda_x . \qquad (34)$$

Mit den Gl. (26, 28, 29 und 34) ergibt sich jetzt:

$$I_y = \frac{(r_a + R)\, I_x}{k\, n\, w_a\, \Lambda_y} = \frac{k\, n}{r_a} A W_e \Lambda_x \qquad (35)$$

und daraus:

$$I_x = \frac{k^2 n^2 w_a \Lambda_x \Lambda_y}{r_a (r_a + R)} A W_e = \text{const}\, A W_e . \qquad (36)$$

Der Belastungsstrom I_x der Maschine ist der Erregung $A W_e$ verhältnisgleich. Die Maschine arbeitet als Verstärker. *Pestarini* nennt sie „Amplidyne“. Eine solche Maschine kann z. B. als Erregermaschine für eine große Gleichstrommaschine oder Synchronmaschine dienen, man kann sie mit mehreren Erregerwicklungen ausstatten, die in Abhängigkeit von verschiedenen Faktoren, wie Strom, Spannung, Netzleistung usw. beeinflußt werden können und so die EMK der Hauptmaschine regeln.

c) Metadyne-Umformer (*Pestarini*).

Man denke sich in Bild 7a die Erregerwicklung weg, öffne den Kurzschlußkreis yy und lege die Bürsten yy an eine konstante Gleichspannung U_1 (Bild 124). Bei konstanter Drehzahl n muß der Fluß Φ_x der Spannung U_1 das Gleichgewicht halten, also konstant bleiben. Somit bleibt auch der Strom I_x unabhängig von R konstant. Nach Gl. 29 muß mit zunehmendem Widerstand R der Fluß Φ_y zunehmen und damit auch der Netzstrom I_y. Die Maschine benötigt nur das Leerlaufmoment unabhängig von der Belastung, sie ist ein reiner Gleichstrom-Umformer.

III. Der Transformator

1. Wirkungsweise

Der Transformator Bild 52 besteht aus einem geblätterten in sich geschlossenen Eisenkern mit 2 Wicklungen, einer primären Ober- und einer sekundären Unterspannungswicklung w_1 bzw. w_2. Die Oberspannungswicklung wird nach Bild 51 an ein Wechselstromnetz konstanter Spannung gelegt und wird dann von einem Wechselstrom, dem Magnetisierungsstrom, durchflossen, der im Eisenkern einen magnetischen Fluß erregt. Dieser magnetische Wechselfluß Φ induziert in Ober- und Unterspannungswicklung je eine ihren Windungszahlen proportionale elektromotorische Kraft, E_1 bzw. E_2 die in der Oberspannungswicklung der Netzspannung entgegenwirkt und damit den Magnetisierungsstrom begrenzt. Schaltet man die Unterspannungswicklung auf einen Verbraucher nach Bild 57, so fließt durch sie ein Wechselstrom als Belastungsstrom, dessen magnetische Wirkung durch die magnetische Wirkung eines nunmehr vom Netz in die Oberspannungswicklung hineinfließenden Stromes aufgehoben wird.

Bei der Kreisfrequenz $\omega = 2\,\pi f$ (f = Frequenz) gilt für den Leerlauf (offene Sekundärwicklung):

$$E_1 = \frac{\omega}{\sqrt{2}} w_1 \Phi \tag{37}$$

$$E_2 = \frac{\omega}{\sqrt{2}} w_2 \Phi \tag{38}$$

$$\frac{E_1}{E_2} = \frac{w_1}{w_2}. \tag{39}$$

Bei Belastung mit dem Strom I_2 ergibt sich:

$$I'_2 w_1 = I_2 w_2, \tag{40}$$

wenn man mit I'_2 den auf die Primärseite umgerechneten Belastungsstrom der Sekundärwicklung bezeichnet. In der Primärwicklung fließt bei einem Leerlaufstrom I_0 ein Strom I_1:

$$I_1 = I_0 \mathbin{\widehat{+}} \frac{w_2}{w_1} I_2. \tag{41}$$

Im Leerlauf hat der Transformator praktisch nur Eisenverluste, denn Spannungsabfall und Stromwärmeverluste des Leerlaufstromes sind vernachlässigbar klein. Daher kann man anstatt der Ohmschen Spannungsabfälle bei Belastung $I_1 r_1$ und $I_2 r_2$ einen Spannungsabfall $I_1 r \approx I'_2 r$ setzen, indem man zum Widerstand der Primärwicklung r_1 den im Verhältnis $\left(\frac{w_1}{w_2}\right)^2$ auf die Primärseite umgerechneten Widerstand r_2 addiert, also:

$$r = r_1 + \left(\frac{w_1}{w_2}\right)^2 r_2. \tag{42}$$

Außerdem entsteht infolge des Streublindwiderstandes x der beiden Wicklungen bei Stromdurchgang ein gemeinsam induzierter Blindspannungsabfall $I'_2 x$. Wirk- und Blindspannungsabfall setzen sich rechtwinkelig zusammen, weil ersterer in

Phase, letzterer senkrecht zur Phase der Stromrichtung liegt. Führt der Transformator Nennstrom, so nennt man die geometrische Summe dieser beiden Spannungsabfälle die Kurzschlußspannung U_k:

$$U_k = I_2' \sqrt{r^2 + x^2}\,. \tag{43}$$

Schließt man die Sekundärwicklung kurz und führt man der Primärwicklung eine so kleine Wechselspannung zu, daß in ihr der Nennstrom als Kurzschlußstrom fließt, so ist die zugeführte Spannung die Kurzschlußspannung. Das hundertfache Verhältnis der Kurzschlußspannung zur Nennprimärspannung U_1 nennt der VDE „Kurzschlußspannung" $u_k = 100 \frac{U_k}{U_1}$. Im Kurzschluß mit Nennstrom sind wegen der niedrigen Spannung (niedrige Induktion) die Eisenverluste vernachlässigbar klein, es entstehen dann nur Stromwärmeverluste.

In Bild 8 ist ein vereinfachtes Zeigerdiagramm des belasteten Transformators dargestellt. Der Leerlaufstrom ist sehr klein, das Übersetzungsverhältnis w_1/w_2 ist mit 1 angenommen, der Sekundärstrom I_2 eilt der Sekundärspannung um den Winkel φ_2 nach und ist dem Primärstrome I'_2 entgegengesetzt gleich. Die Spannungsabfälle $I'_2 r$ und $I'_2 x$ setzen sich zur Kurzschlußspannung zusammen. Man erkennt, daß die Kurzschlußspannung bei verschiedener Phasenlage des Nennstromes ihre Richtung ändert und daß sich daher bei konstanter Primärspannung und konstantem Belastungsstrom Größe und Richtung der Sekundärspannung ändern. Stromwärmeverluste und Eisenverluste bleiben dabei unverändert. Ein Transformator entwickelt bei gleicher Scheinlast dieselbe Wärme unabhängig vom Lastwinkel. Ändert man bei konstant gehaltenem Belastungsstrom I_2 dessen Phasenlage, so bleibt in Bild 8 Lage und Form des Spannungsabfall-Dreiecks bestehen, nur die Lage von U_1 ändert sich und man erhält die Unterspannung U'_2 (*Kapp*).

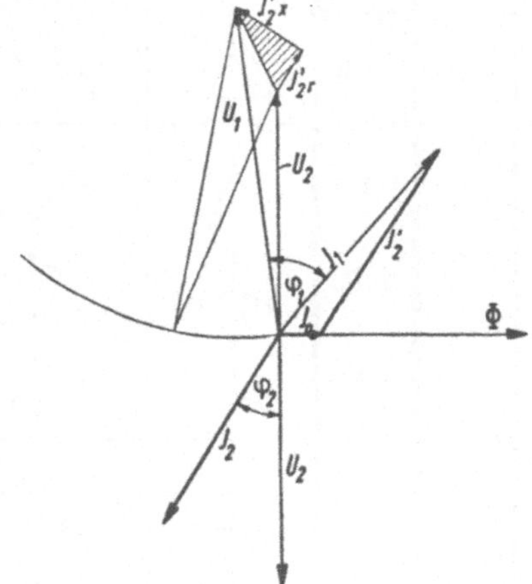

Bild 8. Zeigerdiagramm eines belasteten Transformators

Die *Drosselspule* verhält sich genau wie ein leerlaufender Transformator. Ihre Induktivität wird meist mittels Regelung ihres Luftspaltes geregelt.

2. Ausführungsarten

Der *Drehstromtransformator* besteht aus drei über gemeinsame Joche magnetisch gekoppelten Schenkeln, deren jeder die Ober- und Unterspannungswicklung je einer Drehstromphase trägt. Meist führt man ihn heute als Dreiphasen-Kerntype mit Schenkeln in einer Ebene aus. Wegen der verschiedenen Längen der magnetischen Jochwege führt die Oberspannungswicklung des Mittelschenkels einen kleineren Leerlaufstrom als die der beiden Außenschenkel. Die Wirkungsweise ist

Tafel 1

Gebräuchliche Schaltgruppen für Drehstrom-Leistungstransformatoren

1	2	3		4		5	6
Bezeichnung		Zeigerbild		Schaltungsbild*)		Übersetzung**)	Bisherige Bezeichnung
Kennzahl	Schaltgruppe	OS	US	OS	US	$U_{L1}:U_{L2}$	
0	Dd 0					$\frac{w_1}{w_2}$	A 1
	Yy 0					$\frac{w_1}{w_2}$	A 2
	Dz 0					$\frac{2\,w_1}{3\,w_2}$	A 3
5	Dy 5					$\frac{w_1}{\sqrt{3}\,w_2}$	C 1
	Yd 5	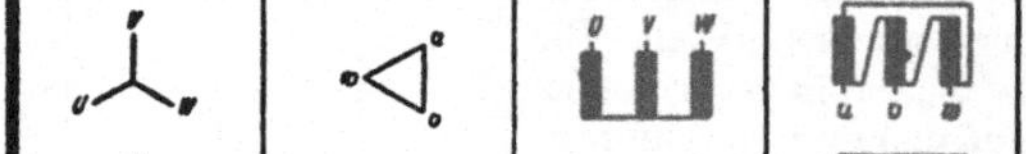				$\frac{\sqrt{3}\,w_1}{w_2}$	C 2
	Yz 5	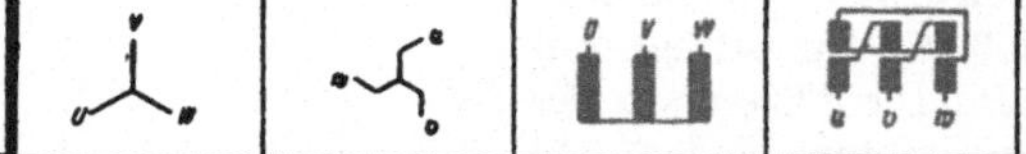				$\frac{2\,w_1}{\sqrt{3}\,w_2}$	C 3
6	Dd 6					$\frac{w_1}{w_2}$	B 1
	Yy 6	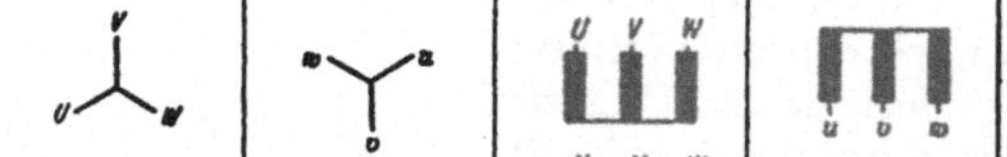				$\frac{w_1}{w_2}$	B 2
	Dz 6					$\frac{2\,w_1}{3\,w_2}$	B 3
11	Dy 11	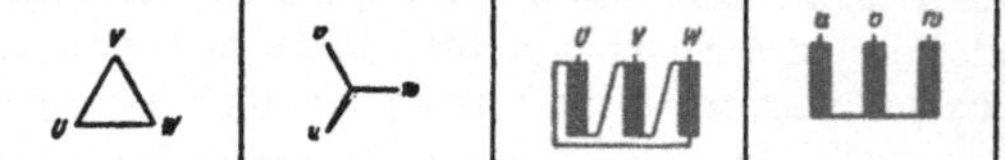				$\frac{w_1}{\sqrt{3}\,w_2}$	D 1
	Yd 11	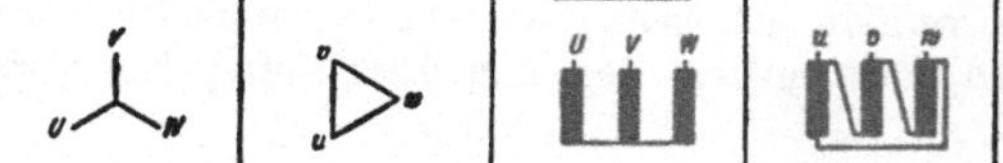				$\frac{\sqrt{3}\,w_1}{w_2}$	D 2
	Yz 11	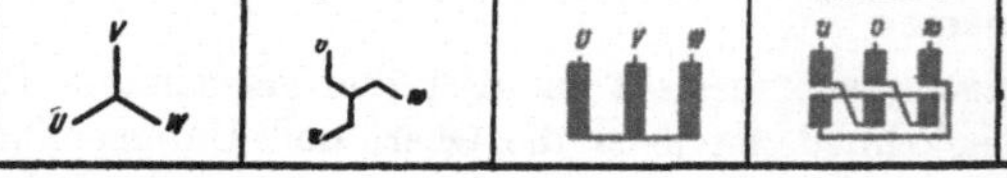				$\frac{2\,w_1}{\sqrt{3}\,w_2}$	D 3

*) Gleicher Wickelsinn in OS und US.

**) w_1 und w_2 sind Strang-Windungszahlen, U_{L1} und U_{L2} Leiterspannungen

in jeder Drehstromphase die gleiche, wie die eines Einphasentransformators. Die Wicklungsstränge einer Spannungsseite können in Dreieck, Stern oder Zickzack geschaltet sein. Die gebräuchlichen Schaltgruppen für Drehstrom-Leistungstransformatoren nach VDE 0532/7.55 sind in Tafel 1 zusammengestellt.

Die Scheinleistung eines Drehstromtransformators ist die Summe der Scheinleistungen der drei Phasen, also bei der Strangspannung U_s und dem Strangstrom I_s $3\,U_s I_s$ oder auf das Drehstromnetz bezogen, also Linienspannung U und Linienstrom I $\sqrt{3}\,U I$, symmetrische Belastung vorausgesetzt. Liegt unsymmetrische Belastung (Schieflast) vor, so darf bei Stern-Stern-Schaltung der Sternpunkt höchstens mit 10% des Nennstromes belastet werden.

Drehtransformatoren (Drehregler) sind Induktionsmaschinen mit festgestelltem, jedoch drehbarem Läufer. Beim einphasigen Drehregler wird das Übersetzungsverhältnis bei unveränderter Phasenlage der Spannungen durch Verdrehung des Läufers geändert. Beim mehrphasigen Drehregler bleibt das Übersetzungsverhältnis unverändert, aber die Phasenlage der Läuferspannung folgt der Verdrehung des Läufers. Soll die resultierende Läuferspannung in der Phase ungeändert und nur in der Größe geändert werden, so koppelt man zwei gleiche Drehregler (Doppel-Drehtransformator) so, daß ihre beiden Läuferspannungen gegeneinander verdreht werden. Wegen des Luftspaltes ist der Leerlaufstrom des Drehreglers verhältnismäßig groß.

IV. Die synchrone Wechselstrommaschine

1. Wirkungsweise

Die synchrone Wechselstrommaschine (Bild 59, 60) besteht aus einem meist feststehenden Anker (Ständer), der mit einer ein- oder mehrphasigen Wechselstromwicklung versehen ist, und einem Magnetgestell, meist in Form eines umlaufenden Polrades, dessen Magnetpole im allgemeinen mit Gleichstrom I_e erregt werden. Das relativ zum Anker umlaufende Polrad induziert in dessen Wicklungen w_a wechsel-elektromotorische Kräfte E von sinusähnlicher Zeitfunktion. Die Frequenz f dieser elektromotorischen Kräfte ist der Drehzahl des Polrades proportional.

Es gilt für jede Synchronmaschine mit der Polpaexzahl p und Drehzahl n:

$$f = \frac{p\,n}{60}\,. \tag{44}$$

Beim Erregerfluß Φ wird bei einem Wicklungsfaktor k_w die EMK E:

$$E = \frac{2\pi}{\sqrt{2}}\,k_w\,f\,w_a\Phi \tag{45}$$

und beim Ankerstrom I die Spannung U:

$$U = E \mp I_a\,\sqrt{r_a^2 + x_a^2}\,, \tag{46}$$

worin r_a und x_a den Wirkwiderstand und Streublindwiderstand der Ankerwicklung bedeuten.

Da nach Gleichung (44) die Frequenz stets proportional der minutlichen Drehzahl ist, die zeitliche Änderung der elektromotorischen Kraft also stets synchron mit der Drehzahl stattfindet, heißt die Maschine Wechselstrom-Synchronmaschine.

Die Spannung der belasteten Synchronmaschine ergibt sich aus Gleichung (46), worin der Ausdruck $I_a \sqrt{r_a^2 + x_a^2}$ den Spannungsabfall bedeutet. Da Gleichung (46) eine Vektorsumme darstellt, kann E auch beim Motor größer sein als U. Die Frage, ob die Synchronmaschine als Motor oder Generator arbeitet, wird nur durch die mit ihr verbundene Maschine entschieden, die eine Arbeits- oder Antriebsmaschine sein kann. Ist diese Maschine Antriebsmaschine, so ist die Synchronmaschine Generator, ist sie Arbeitsmaschine, so ist die Synchronmaschine Motor. Verbindet man die Synchronmaschine mit einem Wechselstromnetz konstanter Spannung und Frequenz, so muß ihr Polrad nach Gleichung (44) mit der dieser Frequenz entsprechenden Drehzahl, also synchron zur Netzfrequenz, umlaufen. Geschieht das nicht, so ist sie mit dem Netz „außer Tritt". Sie arbeitet dann weder als Motor noch als Generator mit dem Netz, sondern bewirkt stets einen Netzkurzschluß. Das Außertrittfallen der Synchronmaschine muß also unter allen Umständen verhindert werden.

Mit Hilfe der Gleichstromerregung AW_e wird der magnetische Zustand der Maschine geregelt. Das bedeutet, daß man unabhängig von der durch die Arbeits- bzw. Antriebsmaschine übertragenen Wirklast die Phasenlage der EMK ändern kann, was eine Änderung der Blindleistung bewirkt.

Schließt man die mit AW_e erregte Maschine kurz, so fließt in ihrer Ankerwicklung nach einem kurzzeitigen hohen Stromstoß, dem Stoßkurzschlußstrom, ein Dauerkurzschlußstrom I_k, dessen Größe durch die Gegenwirkung des Streublindwiderstandes $\sqrt{r_a^2 + \omega L^2}$ und durch AW_a begrenzt ist. Das Verhältnis I_k/I_n, wo I_n den Nennstrom bedeutet, nennt man das Kurzschlußverhältnis.

2. Der Parallellauf

In Bild 9 ist das Zeigerdiagramm einer leerlaufenden Mehrphasen-Synchrone maschine dargestellt. Zum Zwecke der besseren Übersichtlichkeit sind die folgenden Diagramme Bild 9 bis 12 auf eine Vollpolmaschine bezogen, sie beziehen sich alle auf Mehrphasenbetrieb und symmetrische Belastung. Die Durchflutung der Magnetpole ist mit AW_m, der Ankerwicklung mit AW_a und die aus beiden resultierende (den Fluß Φ erregende) Durchflutung mit AW_e bezeichnet.

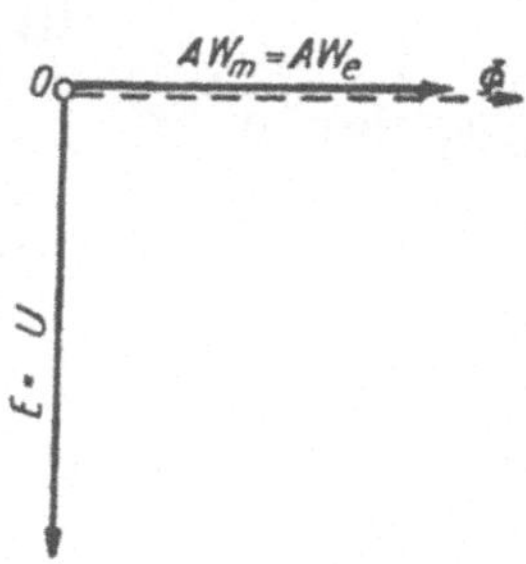

Bild 9. Zeigerdiagramm einer leerlaufenden Synchronmaschine

Will man die Maschine zum Netz parallel schalten, so müssen von außen betrachtet am Schalter stets die Spannungen U_n und U gleich groß und gleich gerichtet sein. Von der Maschine aus betrachtet, ist die Netzspannung U_n gegen die Maschinenspannung U gerichtet. Im Leerlauf ist natürlich $E = U$ (Bild 9). Belastet man die Maschine als Generator, so muß stets die Wirkkomponente $I_a \cos \varphi$ des Belastungsstromes I_a in Phase mit der Maschinenspannung U liegen, während sie beim Motor in Gegenphase zu U liegen muß.

Fließen in der Ankerwicklung mehrphasige Belastungsströme, so bildet diese Ankerdurchflutung ein magnetisches, mit dem Polrad synchron umlaufendes Drehfeld AW_a (Ankerrückwirkung), das sich mit dem Drehfeld des Polrades AW_m zu einem resultierenden Erregerfeld AW_e zusammensetzt (Bilder 10 bis 12). Die Ankerrückwirkung wirkt also magnetisierend auf die Pole des Magnetrades, so daß sich mit zunehmender Belastung der magnetische Zustand der Maschine und mit ihr der cos φ ändert.

In Bild 10 ist das Zeigerdiagramm eines übererregten Generators dargestellt, $I_a r$ und $I_a \omega L = I_a x$ sind die durch den Belastungsstrom I_a in der Ankerwicklung verursachten Spannungsabfälle infolge Widerstand und Streuung. Aus der Zusammensetzung AW_a und AW_m ergibt sich die den Fluß Φ erregende Durchflutung AW_e. Der Strom I_a eilt der Spannung U um den Winkel φ in der Phase

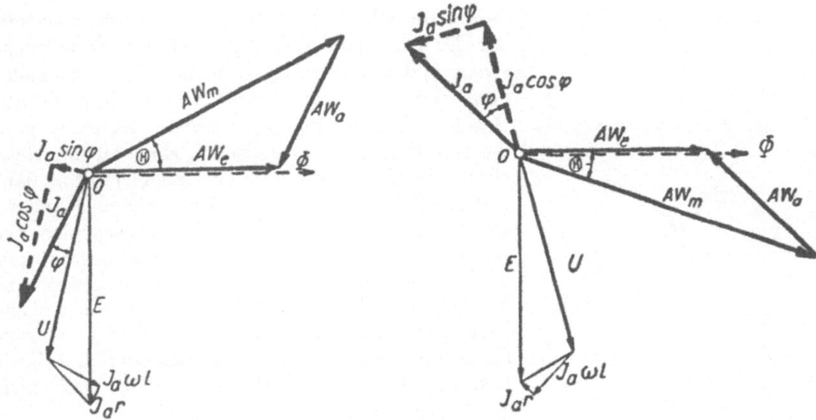

Bild 10. Zeigerdiagramm des übererregten Synchrongenerators

Bild 11. Zeigerdiagramm des übererregten Synchronmotors

nach. Die Stromkomponente I_a sin φ ist der magnetisierende Blindstrom, den der Generator in das Netz liefert.

Bild 11 stellt das Zeigerdiagramm eines übererregten Motors dar. Der Motor ist so stark erregt, daß vom Netz aus betrachtet der Strom I_a der Netzspannung U_n um den Phasenwinkel φ voreilt. Die Stromkomponente I_a sin φ stellt den ins Netz gelieferten Blindstrom dar. Das Produkt der Stromkomponente I_a cos φ mit dem Spannungszeiger U ist ein Maß für die Wirkleistung der Maschine. Beim Generator ist das Produkt positiv, die Maschine gibt Wirkleistung an das Netz ab. Beim Motor ist das Produkt negativ, die Maschine nimmt Wirkleistung aus dem Netz auf. Ändert man die Erregung, so ändert sich an der Wirkleistung nichts, nur die Blindstromkomponente I_a sin φ ändert sich. Somit gilt für synchrone Wechselstrommaschinen, die mit einem starken Netz verbunden sind, der Grundsatz: Belastungsänderungen erreicht man nur durch Änderung des

Drehmomentes an der Welle, Änderungen des Blindstromes durch Änderung der Erregung.

Bei der Einphasen-Synchronmaschine sind die Verhältnisse bedeutend unübersichtlicher, weil die Ankerrückwirkung dort nur zur Hälfte so wirkt wie bei der Mehrphasen-Synchronmaschine (im Stromdreieck erscheint AW_a nur mit dem halben Wert), während die andere Hälfte der Ankerrückwirkung als Erreger von Oberwellen in der Spannungskurve wirkt, falls sie nicht abgedämpft wird. Einphasen-Synchronmaschinen werden daher in der Regel mit kräftiger Dämpferwicklung versehen, ebenso Mehrphasenmaschinen für Schieflast.

Die Synchronmaschine braucht, wie jede elektromagnetische Maschine, Magnetisierungsstrom, der von der Gleichstromerregung geliefert wird. Liefert die Erregung der (untererregten) Maschine zu wenig Magnetisierungsstrom, dann muß ihr das Wechselstromnetz den Fehlbetrag als Blindstrom liefern (Drossel). Bild 12 stellt das Zeigerdiagramm eines untererregten Synchronmotors dar. Da vom Netz aus betrachtet der Belastungsstrom I_a der Spannung U_n in der Phase nacheilt, muß das Netz den Blindstrom $I_a \sin \varphi$ in die Maschine liefern. Bei übererregter Maschine gibt die Maschine den Blindstrom $I_a \sin \varphi$ an das Netz ab, wie in Bild 10 (Generator) und 11 (Motor) dargestellt; sie arbeitet auf das Netz wie ein Kondensator. Verbraucht ein Wechselstromnetz eine bestimmte Blindleistung (z. B. Induktionsmotoren als Verbraucher), so muß diese Blindleistung von den an das Netz angeschlossenen Wechselstrom-Synchronmaschinen geliefert werden. Ändert sich der Blindverbrauch des Netzes, ohne daß die Blindleistung nachreguliert wird, so ändert sich auch die Netzspannung.

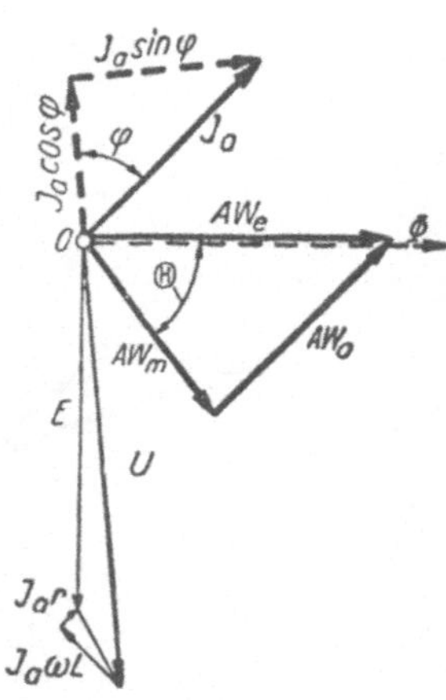

Bild 12. Zeigerdiagramm eines untererregten Synchronmotors

Das erregte Polrad einer belasteten Wechselstrom-Synchronmaschine ist ein Pendel, dessen Schwingungsdauer durch die umlaufenden Massen einerseits und durch die magnetischen Feldkräfte der Maschine andererseits bedingt ist. Rhythmische Belastungsstöße, einerlei, ob sie über die Welle oder über das Wechselstromnetz in die Maschine gelangen, verursachen ein Pendeln des Polrades. Tritt Resonanz zwischen diesen Belastungsstößen und der Eigenschwingungszahl des Polrades ein, so werden diese Schwingungen immer mehr vergrößert, bis die Maschine nicht mehr im Takte der Frequenz umlaufen kann: sie fällt außer Tritt. Zur Verhütung solcher Pendelerscheinungen kann man einerseits ein Schwungrad, andererseits eine das Polrad käfigartig umfassende Dämpferwicklung verwenden.

Soll eine Synchronmaschine vom Netz abgetrennt werden, so muß sie zunächst stromlos gemacht werden, indem man das an der Welle übertragene Drehmoment verringert, bis die Wirklast ungefähr null wird, und dann die Erregung so lange ändert, bis der Blindstrom nahezu null wird. Darauf kann die Synchronmaschine stoßfrei vom Netz getrennt werden.

3. Die Parallelschaltung

Für das Parallelschalten von Synchronmaschinen gelten folgende Bedingungen:

1a. Gleichheit der Effektivwerte der Spannungen von Netz und Maschine. Die Maschinenspannung wird mittels Feldreglers eingestellt.

1b. Die Kurvenformen der zu vereinigenden Spannungen müssen möglichst gleich sein.

2. Gleichheit der zu messenden Frequenzen von Netz und Maschine. Entsprechendes Einstellen der Drehzahlregelung der Antriebsmaschine.

3. Phasengleichheit zwischen Netzspannung und Maschinenspannung. Kontrolle durch Spannungsmessung oder Phasenlampen. Die Spannungsdifferenz muß Null sein.

Bei Mehrphasenmaschinen sind vorstehende Bedingungen für jede einzelne Phase zu erfüllen.

Im Betriebe werden zur Kontrolle der zu erfüllenden Bedingungen zum Parallelschalten von Synchronmaschinen Synchronisieranzeiger verwendet, die aus Frequenzmesser f, Spannungsmesser V und Phasenlampen L bestehen. Die Schaltung eines solchen Synchronisieranzeigers zeigt beispielsweise Bild 13. Netz-

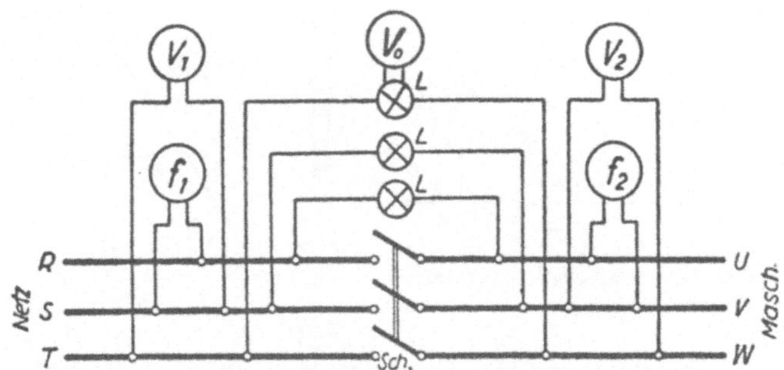

Bild 13. Sychronisiereinrichtung in Dunkelschaltung für Dreiphasen-Synchronmaschinen

spannung und -frequenz (V_1, f_1) werden mit Maschinenspannung und -frequenz (V_2, f_2) verglichen. Zum Phasenvergleich dienen Synchronisierlampen (L), die bei Phasengleichheit erlöschen (Dunkelschaltung), und zur Feststellung der genauen Phasengleichheit ein Nullspannungsmesser (V_0). Bei Nulldurchgang des Zeigers des Nullspannungsmessers wird der Schalter *Sch* geschlossen.

4. Erregung und Spannungsanstieg

Erregt man eine Synchronmaschine im Leerlauf und trägt die Ankerspannung in Abhängigkeit vom Erregerstrom auf, so erhält man die Leerlaufkennlinie (Bild 14a). Die Anfangstangente an diese Kurve teilt für jede Spannung den Erregerstrom i_e in einen Luftspalt- und einen Eisenteil, man nennt sie daher auch Luftspaltkennlinie.

Der Ohmsche Spannungsabfall ist vernachlässigbar klein gegen die Streuspannung, die man nur ungenau und mit unsicheren Korrekturen bei herausgenommenem Polrad ermitteln kann. Dagegen kann sie mit Hilfe des *Potier*schen Dreiecks genau gefunden werden.

Schließt man die Ankerwicklung kurz und erregt die Maschine so weit, daß sie Nennstrom führt, so erhält man den Kurzschluß-Erregerstrom i_k. Trägt man

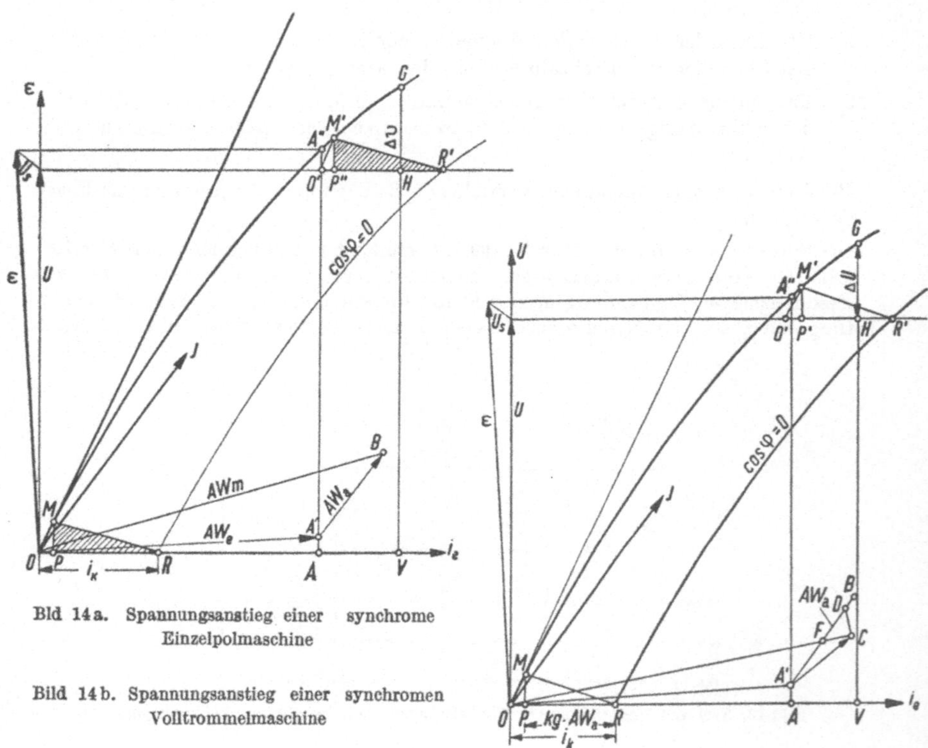

Bld 14a. Spannungsanstieg einer synchrome Einzelpolmaschine

Bild 14b. Spannungsanstieg einer synchromen Volltrommelmaschine

senkrecht zur Erregerstromachse die Streuspannung U_s so auf, daß sie im Punkte M die Kurve der Leerlaufspannung trifft, so ist $\triangle\, MPO$ das *Potier*sche Dreieck, in dem $\overline{PM}$ die Streuspannung und $\overline{PR}$ die Ankerrückwirkung bei $\cos\varphi = 0$ darstellen. Verschiebt man das *Potier*dreieck parallel zu sich selbst mit dem Punkte M auf der Kurve der Leerlaufspannung, so geben die Punkte R' die Belastungs-Kennlinie bei $\cos\varphi = 0$. Das *Potier*dreieck findet man aber auch, wenn man nur einen Punkt R' der $\cos\varphi = 0$ Kennlinie aufnimmt, von R' nach links die Strecke $\overline{R'O'} = \overline{OR}$ parallel zur Erregerstromachse aufträgt und von O' eine Parallele zur Luftspaltkennlinie zieht, die die $\cos\varphi = O$ Kennlinie in M' trifft. Dreieck $M'P'R'$ ist dann das gesuchte *Potier*dreieck. Damit ist aber mit $\overline{P'M'} = \overline{PM} = U_s$ die Streuspannung gefunden.

Bei der Ermittlung des Spannungsanstieges einer Synchronmaschine, wenn man sie von Vollast auf Leerlauf entlastet, muß man zwischen Vollpol- und Einzelpolmaschinen unterscheiden. Die Vollpol- oder Volltrommelmaschine hat ein walzenförmiges Polrad, der Luftspalt ist über den ganzen Umfang konstant. Bei der Einzelpolmaschine sind zwischen den einzelnen Polen Pollücken, so daß der Luftspalt über den Umfang verschieden groß ist. Dementsprechend ist die magnetische Leitfähigkeit über den Umfang betrachtet bei der Vollpolmaschine konstant, bei der Einzelpolmaschine wellenförmig. Man kann sie oszillographisch aufnehmen, wenn man die Erregerwicklungen benachbarter Pole so umschaltet, daß diese Pole gleichsinnig magnetisiert werden. Legt man einen Meßdraht durch eine Ankernut und über das Ankerpaket weg an eine Oszillographen-Meßschleife, so erhält man bei umlaufendem und erregtem Polrad die Leitfähigkeitskurve des Luftspaltes.

Die sinusförmig verteilte mit Synchrondrehzahl umlaufende Ankerdurchflutung erregt bei der Vollpolmaschine ein sinusförmig verteiltes Ankerfeld, das sich mit dem ebenfalls über der Polteilung sinusförmig verteilten Erregerfeld vektoriell zusammensetzt, wie in den Bildern 10...12 dargestellt.

Bei einer Vollpolmaschine ergibt sich der Spannungsanstieg (Bild 14a) so, daß man senkrecht auf die Richtung des Belastungsstromes I zur Klemmenspannung U die Streuspannung U_s vektoriell addiert, die so gefundene EMK E in die Achse von U schwenkt und die dafür gefundene Erregung $\overline{OA}$ in eine senkrechte zu E als $\overline{OA'}$ schwenkt. Dazu addiert man parallel zur Ankerstromrichtung I die Ankerrückwirkung $\overline{PR} = \overline{AB}$ und findet so die Vollasterregung $\overline{OB}$. Schwenkt man $\overline{OB}$ in Richtung $\overline{OV}$ und zieht eine Parallele zur Spannung U, so ist $\overline{HG} = \Delta U$ der gesuchte Spannungsanstieg bei Entlastung von Vollast auf Leerlauf.

Bei der Einzelpolmaschine kann das Ankerfeld nicht sinusförmig über die Polteilung verteilt sein, denn das Produkt der sinusförmigen Ankerdurchflutung mit der wellenförmig über die Polteilung verteilten Leitfähigkeit ist niemals sinusförmig. Man zerlegt daher nach *Blondel* die zum Ankerstrom parallele Ankerrückwirkung $\overline{A'B}$ in eine Komponente in Richtung der Polachse (größte Leitfähigkeit) $k_g \cdot \overline{A'B} = \overline{A'D}$ in Bild 14b und eine zweite Komponente senkrecht zur Polachse (geringste Leitfähigkeit) $k_g \cdot \overline{A'B} = \overline{A'F}$. Die Faktoren k_g (Gegenfeldfaktor) und k_q (Querfeldfaktor) sind kleiner als 1; je nach der Polform ist $k_g = 0{,}8...0{,}9$ und $k_q = 0{,}4...0{,}5$. Zieht man eine Gerade $\overline{OF}$, verlängert sie und projiziert $\overline{A'D}$ auf sie, so ist $\overline{AC}$ die gesuchte Ankerrückwirkung und $\overline{OC}$ die Vollasterregung $= \overline{OV}$. Das *Potier*dreieck wird kleiner, weil $\overline{PR} = \overline{A'D}$ und nicht $\overline{A'B}$ ist. Der Spannungsanstieg einer Einzelpolmaschine ist also bei der gleichen Belastung kleiner, als der einer Vollpolmaschine.

V. Die asynchrone Induktionsmaschine

1. Wirkungsweise

Die asynchrone Induktionsmaschine (Bild 69) besteht aus einem mit einer ein- oder mehrphasigen Wechselstromwicklung bewickelten feststehenden Teil (Ständer) und einem ebenfalls mit einer mehrphasigen Wechselstromwicklung bewickelten umlaufenden Teil (Läufer). Beim Kurzschlußmotor sind die Enden der Läuferwicklung unmittelbar miteinander verbunden (Kurzschlußläufer), beim Schleifringmotor sind sie an Schleifringe geführt und können über Bürsten mit einem Anlasser oder einem anderen Stromverbraucher verbunden werden.

Wie beim Transformator wird beim Anschluß der Ständerwicklung an ein Wechselstromnetz konstanter Spannung und Frequenz in der Maschine ein magnetischer Wechselfluß erregt, der in Ständer- und Läuferwicklung wechsel-elektromotorische Kräfte hervorruft. Ist die Läuferwicklung in sich oder über Anlaßwiderstände kurzgeschlossen, so folgen ihren elektromotorischen Kräften Ströme, die in der Maschine eine entmagnetisierende Wirkung hervorrufen würden, wenn ihnen nicht entgegengerichtete Ströme in der Ständerwicklung das Gleichgewicht hielten.

Die Ströme bilden mit dem magnetischen Fluß ein Drehmoment, so daß der Läufer umläuft und belastet werden kann. Mit zunehmender Drehzahl werden Läuferfrequenz und Läuferspannung immer kleiner, bei Synchronismus werden sie Null. Da bei der Frequenz Null keine elektromotorische Kraft induziert wird, also auch kein Strom im Läufer fließen kann, ist der Läufer nur dann imstande, annähernd mit Synchrondrehzahl umzulaufen, wenn er unbelastet ist (Leerlauf).

Mit zunehmender Belastung muß der Belastungsstrom größer werden, also Läuferspannung und Läuferfrequenz ansteigen, d. h. mit zunehmender Belastung läuft der Läufer langsamer, also asynchron. Da die elektromotorische Kraft im Läufer durch einen magnetischen Fluß induziert wird, heißt die Maschine auch Induktionsmaschine.

Legt man die Ständerwicklung einer Drehfeld-Induktionsmaschine an ein Drehstromnetz konstanter Spannung U_1 und konstanter Frequenz f_1, so entsteht in der Maschine ein magnetisches Drehfeld, das einen den Luftspalt durchsetzenden, mit Synchrondrehzahl n_1 umlaufenden Drehfluß Φ erregt. Die Synchrondrehzahl ergibt sich aus der bekannten Beziehung

$$f_1 = \frac{p\, n_1}{60}\,. \tag{47}$$

Der Drehfluß induziert in der Ständerwicklung (Windungszahl w_1) eine EMK E_1 mit der Netzfrequenz f_1, die der Netzspannung U_1 entgegenwirkt und sich wie beim Transformator als das Produkt von Netzfrequenz f_1, Windungszahl w_1 und Fluß Φ darstellen läßt als:

$$E_1 = k_0\, w_1\, f_1\, \Phi\,. \tag{48}$$

Dreht sich der Läufer mit der Drehzahl n, also relativ zu Drehfeld und Drehfluß mit der Drehzahl $n_1 - n$, so induziert der Drehfluß in der Läuferwicklung (Windungszahl w_2) eine EMK E_2 mit einer Frequenz f_2 nach der Beziehung:

$$E_2 = k_0\, w_2\, f_2\, \Phi\,. \tag{49}$$

Die Läuferfrequenz f_2 ergibt sich aus der Relativdrehzahl $n_1 - n$ zu:

$$f_2 = \frac{p\,(n_1 - n)}{60}\,. \tag{50}$$

Das Verhältnis der Relativdrehzahl zur Synchrondrehzahl nennt man die Schlüpfung oder den Schlupf s; somit erhält man:

$$s = \frac{n_1 - n}{n_1} = 1 - \frac{n}{n_1} = \frac{f_2}{f_1}\,. \tag{51}$$

Durch Vergleich der Gleichungen (48) und (49) erhält man:

$$\frac{E_2}{E_1} = \frac{w_2}{w_1}\frac{f_2}{f_1} = \frac{w_2}{w_1}s, \tag{52}$$

das Verhältnis der elektromotorischen Kräfte ist gleich dem Windungsverhältnis mal dem Schlupf. Für $s = 1$ geht Gleichung (52) in die erste Grundgleichung des Transformators über: die elektromotorischen Kräfte verhalten sich wie die Windungszahlen.

Die Induktionsmaschine folgt ebenso dem zweiten Grundgesetze des Transformators. Bezeichnet man den Anteil der Ständerdurchflutung, der bei Belastung die magnetische Wirkung der Läuferdurchflutung $I_2 w_2$ kompensiert, mit $I_2' w_1$, so ergibt sich:

$$I_1 = I_0 \,\widehat{+}\, \frac{w_2}{w_1} I_2 = I_0 \,\widehat{+}\, I_2' \,*, \tag{53}$$

weil der Leerlaufstrom den magnetischen Drehfluß aufrecht erhält.

Die vom Drehfluß induzierte EMK E_2 treibt durch die Widerstände r_2 der Läuferwicklungsstränge Ströme I_2, die ihr infolge der Streuung um den Phasenwinkel Φ_2 nacheilen, also:

$$E_2 \cos \varphi_2 = I_2 r_2. \tag{54}$$

In der m-phasigen Wicklung des Läufers wird dann die elektrische Leistung N_2 (Watt) in Wärme umgesetzt:

$$N_2 = m\, I_2^2\, r_2. \tag{55}$$

Das Drehfeld der Läuferdurchflutung läuft räumlich mit der Synchrondrehzahl n_1 wie Ständerfeld und Drehfluß um. Es bildet also mit dem Fluß ein Drehmoment M (mkg):

$$M = k_2 I_2 \Phi_2 \cos \varphi_2 = \frac{0{,}974}{n_1} m\, I_2^2 \frac{r_2}{s}. \tag{56}$$

Diesem Drehmoment entspricht die mechanische Leistung N_m (Watt):

$$N_m = 1{,}027 \cdot 10^{-2} M^2 n = m\, I_2^2\, r_2 \frac{1-s}{s}. \tag{57}$$

Die Leistungen N_2 und N_m werden magnetisch über den Luftspalt aus dem Ständer auf den Läufer als Luftspaltleistung N_δ übertragen:

$$N_\delta = N_2 + N_m = m\, I_2^2 \frac{r_2}{s} = m\, I^2 \frac{r_2'}{s}, \tag{58}$$

wenn man $\left(\frac{w_1}{w_2}\right)^2 r_2$ mit r_2' bezeichnet.

Das Netz muß eine Leistung N_1 aufbringen, die außer der Luftspaltleistung N_δ noch die Eisenverlustwärme V_e und die Ständerstromwärme $m\, I_1^2 r_1$ enthält. Angenähert kann man letztere in eine Stromwärme des Leerlaufstromes I_0 und eine des Belastungsstromes I aufteilen und schreibt dann:

$$N_1 = V_e + m\, I_0^2 r_1 + m\, I^2 \left(r_1 + \frac{r_2'}{s}\right). \tag{59}$$

* Der Stromanteil I_2' ist der Belastungsstrom der Maschine, er sei weiterhin mit I bezeichnet.

Dividiert man die elektrische Läuferleistung N_2 durch die Luftspaltleistung N_δ, so ergibt sich:

$$\frac{N_2}{N_\delta} = s, \tag{60}$$

die Schlüpfung ist immer gleich dem Verhältnis der elektrischen Läuferleistung zur Luftspaltleistung.

2. Kreisdiagramm

Bild 15 stellt ein vereinfachtes, für geringe magnetische Sättigung gültiges Kreisdiagramm einer mehrphasigen Induktionsmaschine dar. Zieht man von der Netzleistung N_1 die Leerlaufverluste ab, weil sie nahezu konstant sind, so kann man eine Leistung N einführen:

$$N = m\,U\,I\cos\varphi_2 = m\,I^2\left(r_1 + \frac{r_2'}{s}\right) = m\,I^2\,r\,, \tag{61}$$

wo r einen scheinbaren Wirkwiderstand bedeutet, der schlupfabhängig ist:

$$r = r_1 + \left(\frac{w_1}{w_2}\right)^2 \frac{r_2}{s} = r_1 + \frac{r_2'}{s}\,. \tag{62}$$

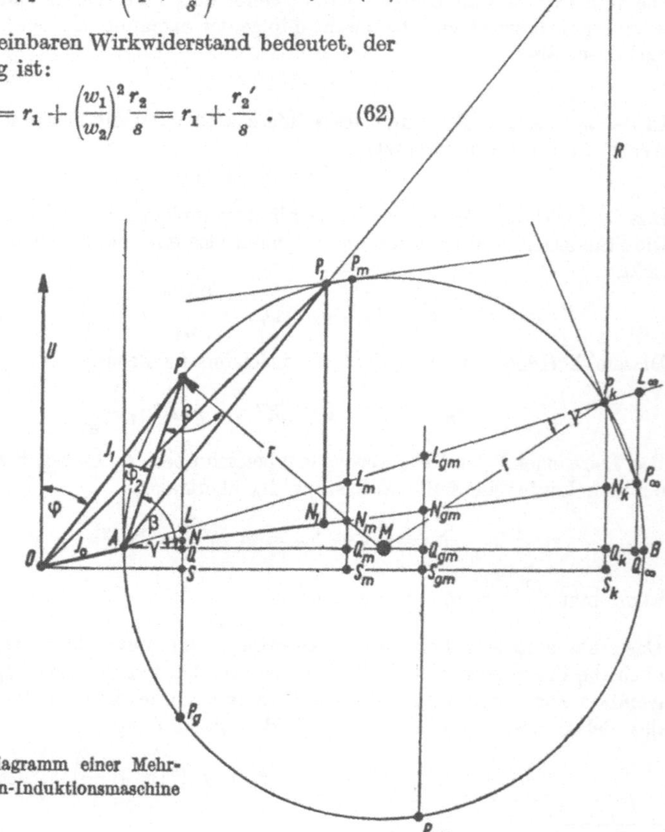

Bild 15. Kreisdiagramm einer Mehrphasen-Induktionsmaschine

Die Netzspannung U muß den scheinbaren Wirkwiderstand r und den Streublindwiderstand x überwinden, es gilt also:

$$U = I \sqrt{r^2 + x^2} = I\,x \sqrt{\left(\frac{r}{x}\right)^2 + 1}\,. \tag{63}$$

Für den Phasenwinkel φ_2 zwischen U und I gilt bekanntlich:

$$\operatorname{cotg} \varphi_2 = \frac{r}{x} \tag{64}$$

und damit ergibt sich für den Strom I die Gleichung:

$$I = \frac{U}{x\sqrt{1 + \operatorname{cotg}^2 \varphi_2}} = \frac{U}{x} \sin \varphi_2\,. \tag{65}$$

Dies ist aber die Gleichung des Kreises in Bild 15.
Für $\varphi_2 = 0$ ist $I = 0$ (Punkt A), es bleibt dann nur der Leerlaufstrom I_0 übrig. Der Widerstand r ist nach Gl. (62) schlupfabhängig. Für Stillstand ist $s = 1$, also $r = r_1 + r'_2$, der Winkel φ_2 wird zu φ_{2k} und gibt die Richtung des Läuferkurzschlußstromes $\overline{AP_k}$ an. Dreht man den Läufer gegen sein Drehmoment, so wird $s > 1$, der Punkt P wandert weiter, und bei $s = \infty$ würde $\frac{r_2'}{s} = 0$, also $r = r_1$ werden, was dem Punkt P_∞ auf dem Kreise entspricht. Der Winkel φ_2 könnte nur dann 90° werden, wenn $r = 0$ wäre, was dann einem ideellen Kurzschlußstrom $I_{ki} = \overline{AB}$ ergibt.
Die zu U parallele Strecke $\overline{P_kQ_k} = I_k \cos \varphi_k$ stellt die Kurzschlußleistung N dar, denn

$$N_k = m\,U\,I_k \cos \varphi_k = m\,I_k^2\,(r_1 + r_2')\,. \tag{66}$$

Teilt man die Strecke $\overline{P_kQ_k}$ im Verhältnis $\frac{r_1}{r_2'} = \frac{\overline{N_kQ_k}}{\overline{P_kQ_k}}$, so stellt $\overline{N_kQ_k}$ die Ständerstromwärme und $\overline{P_kQ_k}$ die Läuferstromwärme im Kurzschluß dar. Die zu U parallelen Strecken $\overline{PQ}$ entsprechen für jeden Punkt P den Leistungen $N_1 - V_e$ und die Strecken $\overline{PS}$ den Netzleistungen N_1 gemäß Gl. (59). $\overline{P_kQ_k}$ ist proportional I_k^2 also $\overline{AP}_k^2$. Es ist aber $\overline{AP_k} = 2\,r \cos \gamma$ und $\overline{AP} = 2\,r \cos \beta$. Somit gilt:

$$\frac{\overline{LQ}}{\overline{P_kQ_k}} = \frac{\overline{AQ}}{\overline{AQ_k}} = \frac{\overline{AP} \cos \beta}{\overline{AP_k} \cos \gamma} = \frac{\overline{AP}^2}{\overline{AP_k}^2}\,.$$

Alle Strecken $\overline{LQ}$ sind also den Quadraten der Strecken $\overline{AP}$ proportional, also den Stromwärmeverlusten der Belastungsströme. Zieht man daher eine Gerade $\overline{AN_k}$ und verlängert sie bis zum Kreisschnittpunkt $\overline{P_\infty}$, so ist der Abschnitt $\overline{P_\infty Q_\infty}$ ebenso wie alle Abschnitte $\overline{NQ}$ den Ständer-Stromwärmeverlusten, also auch dem Ständerwiderstand r_1 verhältnisgleich, denn für $s = \infty$ ist $\frac{r_2}{s} = 0$. Alle Abschnitte $\overline{LN}$ sind entsprechend $\overline{P_kN_k}$ den Läuferstromwärmen proportional. Da die Strecken $\overline{PQ}$ den Ständerleistungen N proportional sind, müssen die

Strecken $\overline{PL}$ den mechanischen Läuferleistungen N_m und $\overline{PN}$ den Luftspaltleistungen N_δ, also auch den Drehmomenten M proportional sein. Man nennt daher die Gerade $\overline{AP_k}$ die Leistungsgerade und $\overline{AN_k}$ die Drehmomentgerade. Eine zur Drehmomentgeraden parallele Tangente an den Kreis ergibt den Punkt P_m des größten Drehmoments, das der Motor entwickeln kann: des Kippmoments M_k. Alle Punkte P rechts vom Kippunkte P_m ergeben kleinere Momente, die Strecke $\overline{P_kN_k}$ stellt das Anlaßmoment des Motors dar.

Wird der Läufer in Richtung seines Drehmoments schneller als synchron angetrieben, so wird s negativ, die Maschine nimmt an der Welle mechanische Leistung $\overline{LP_g}$ auf und gibt an das Netz elektrische Leistung $\overline{P_gS}$ ab: sie wird zum Generator. Die Luftspaltleitung $\overline{NP_g}$ geht jetzt vom Läufer auf den Ständer über, der Leerlaufstrom I_0 und die Magnetisierungsleistung (Blindleistung) müssen aber vom Netz aufgebracht werden. Das Kippmoment des Generators ist $\overline{N_{gm}P_{gm}}$ proportional. Wird es überschritten, so wird der Antriebsmotor entlastet und kann durchgehen.

Das Kippmoment ist eine durch den Ständerwiderstand r_1 und den Kreisdurchmesser $\overline{AB}$ gebenene Konstante und unabhängig vom Läuferwiderstand. Durch Vergrößerung des Läuferwiderstandes kann der Kippschlupf vergrößert werden, was z. B. bei Schleifringmaschinen durch Einschalten eines Widerstandes in den Läuferkreis erreicht werden kann. Strecke $\overline{P_kT}$ stellt einen solchen Zusatzwiderstand R und $\overline{P_IN_I}$ das erzielte Anlaßmoment dar. Der Anlaßstrom $\overline{OP_I}$ wird dabei viel kleiner als $\overline{OP_k}$.

Bei Gegenstrombremsung (Umpolung zweier Netzanschlüsse) wirkt das Drehmoment gegen die Drehrichtung des Läufers, also $s > 1$, was im Kreisdiagramm den Bereich zwischen P_∞ und P_k entspricht. Auch hier kann durch Vergrößerung des Läuferwiderstandes das Bremsmoment vergrößert werden. Der Bremsstrom wird dadurch kleiner, und der größte Teil der Bremsleistung wird im Zusatzwiderstand vernichtet.

Stellt man das Drehmoment in Abhängigkeit von der Schlüpfung dar, so erhält man in Bild 16 die Drehmomentschlüpfungskennlinie des Motors. Alle Punkte links vom Kippmoment M_k stellen den stabilen Ast der Drehmomentkennlinie dar. Der Motor kann in diesem Bereich gegen jedes Lastmoment, das kleiner ist als das Kippmoment, mit einer konstanten Drehzahl laufen. Alle Punkte rechts vom Kippmoment stellen den labilen Ast der Kennlinie dar. In diesem Bereich kann der Motor nur gegen ein mit zunehmender Drehzahl steil ansteigendes Lastmoment (Ventilator, Kreiselpumpe) mit konstanter Drehzahl arbeiten. In allen übrigen Fällen bleibt er entweder stehen oder läuft über das Kippmoment weg in den stabilen Ast.

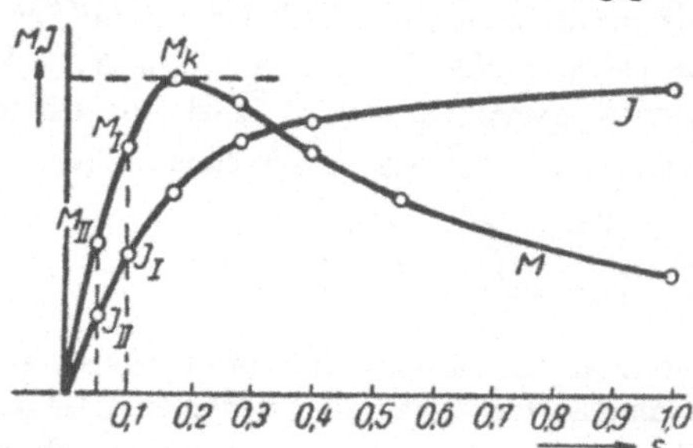

Bild 16. Drehmoment und Strom in Abhängigkeit vom Schlupf eines Drehfeld-Induktionsmotors

Vergrößert man den Läuferwiderstand so weit, daß der Punkt P in Bild 15 von P_k nach links über P_m nach P_I wandert, so gelangt man in den stabilen Ast der Drehmoment-Schlüpfungskennlinie. Man kann also einen Schleifringmotor so anlassen, daß man in den Läuferkreis Widerstände einschaltet. Will man mit dem Anlaßmoment $\overline{P_I N_I}$ anfahren, so muß in Bild 15 ein Widerstand $R \approx \overline{P_k T}$ in den Läuferkreis eingeschaltet werden, wobei $\frac{R}{r'_2} = \frac{\overline{P_k T}}{\overline{N_k P_k}}$ ist. Der Motor beschleunigt sich dann z. B. bis zum Punkt P, der einem Drehmoment $\overline{PN}$ entspricht. Will man während der Anlaßzeit ein mittleres, konstantes Anlaßmoment und damit einen mittleren, konstanten Anlaßstrom erreichen, so muß man zwischen den Grenzen $\overline{P_I N_I}$ und $\overline{PN}$ (Bild 15) schalten. Hat der Anlaßstrom den Wert $\overline{OP}$ erreicht, so muß man so viel Widerstand abschalten, daß wieder der Strom $\overline{OP_I}$ fließt. In Bild 16, 17 ist der Regelvorgang dargestellt. Bei einer bestimmten

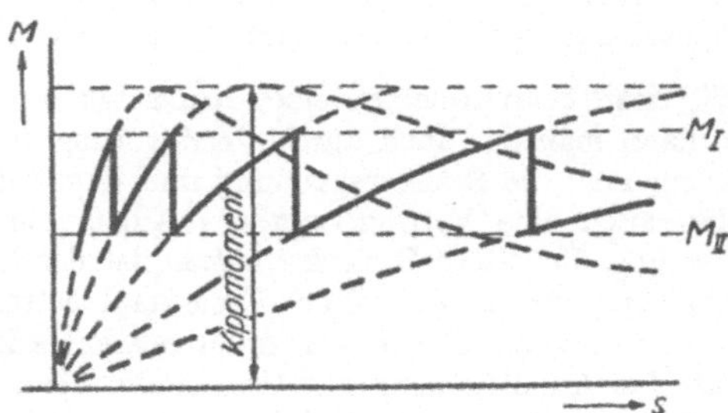

Bild 17. Anlaß- und Regelvorgang mit Widerstandsstufen bei einem Schleifringmotor

Anzahl Widerstandsstufen schwankt der Anlaßstrom zwischen dem Wert I_I und I_{II} und ebenso das Anlaßmoment (Bild 17) zwischen M_I und M_{II}. Dieses Anlaßverfahren kann auch zum Drehzahlregeln verwendet werden, ist aber eine lastabhängige verlustreiche Regelung, da der der Schlüpfung entsprechende Teil der Luftspaltleistung als Läuferleistung in Wärme umgesetzt wird.

3. Regelung

Will man einen Drehstrommotor verlustlos regeln, so muß man entweder die Drehzahl des Drehfeldes verkleinern oder auf den Läufer mehr elektrische Leistung transformieren als mechanisch abgegeben wird und den Überschuß als elektrische Leistung dem Läufer wieder entnehmen. Im letzteren Falle kann man die auf den Läufer transformierte elektrische Leistung, soweit sei nicht in den Läuferwiderständen selbst verbraucht wird, entweder unter Frequenzwandlung in das Netz zurückleiten oder einem zweiten Motor (Hintermotor) zuführen, der mit dem ersten Motor starr gekuppelt ist. Ist der zweite Motor ein Drehstrommotor, so nennt man diese Schaltung eine Drehstromkaskade.

Die Kaskadenschaltung ist eine Schaltung zweier oder mehrerer mechanisch miteinander gekuppelter Motoren, von denen die $\frac{\text{Ständerwicklung}}{\text{Läuferwicklung}}$ des ersten Motors am Drehstromnetz liegt, während seine $\frac{\text{Läuferwicklung}}{\text{Ständerwicklung}}$ die $\frac{\text{Ständerwicklung}}{\text{Läuferwicklung}}$ des zweiten Motors speist, wobei die $\frac{\text{Läuferwicklung}}{\text{Ständerwicklung}}$ des zweiten Motors entweder kurzgeschlossen oder mit der $\frac{\text{Ständerwicklung}}{\text{Läuferwicklung}}$ eines dritten Motors verbunden ist, usw. Meistens verwendet man zwei Motoren, von denen der zweite (Hintermotor) ein Induktionsmotor oder auch ein Drehstromkommutatormotor sein kann. Im letzten Falle kann der Grundsatz der Frequenzwandlung auch für Phasenschiebung mit verwendet werden.

Man kann die Drehzahl des Drehfeldes eines Induktionsmotors dadurch verändern, daß man seinem Ständer Spannungen mit verschiedenen Frequenzen zuführt. Dabei müssen die Spannungen proportional zu den Frequenzen größer oder kleiner sein. In diesem Fall kann der Läufer eine Kurzschlußwicklung tragen. An Stelle der Veränderung der Ständerfrequenz kann die Polumschaltung verwendet werden: man führt den Motor mit mehreren Ständerwicklungen von verschiedener Polzahl aus, während der Läufer meist eine Kurzschlußwicklung trägt.

Will man beim Anlassen eines Kurzschlußmotors den Anlaßstrom klein halten, so kann man das auch durch Verringerung der Anlaßluftspaltleistung erreichen, indem man die Ständerspannung und damit den Fluß verringert. Das bedeutet aber auch eine Verringerung des Anlaßmomentes im gleichen Verhältnis zur Leistung. Bei Stern-Dreieckschaltung ist der Netzstrom beim Anlassen in Sternschaltung nur ein Drittel des Dreieckanlaßstromes, aber auch das Anlaßmoment ist nur etwa ein Drittel des Anlaßmomentes in Dreieckschaltung. Da in diesem Fall das Anlaßmoment verhältnismäßig klein ist, so muß man für den Anlauf gegen eine größere Last mittels Vorrichtungen, die von Hand oder mechanisch betätigt werden können, dafür sorgen, daß der Motor leer anläuft und erst nach erfolgtem Anlauf im stabilen Ast der Drehmomentkennlinie gekuppelt wird. Solche Vorrichtungen sind Leerscheibe und die verschiedenen Arten der Anlaßkupplungen.

Stromverdrängungsmotoren haben eine oder mehrere Läuferwicklungen, in denen bei verschiedener Läuferfrequenz infolge der Streuinduktivität die Läuferströme mehr oder weniger nach dem Läuferumfang hin verdrängt werden, was einer Veränderung des Läuferwiderstandes und damit einer Veränderung des Drehmomentes bei verschiedenen Läuferfrequenzen gleichkommt (Sattelmoment). Durch geeignete Wahl der Läuferwicklung können derartige Stromverdrängungsmotoren so gebaut werden, daß man sie gegen Vollast anlassen kann; dabei sinkt jedoch ihr Kippmoment und ihr Leistungsfaktor.

Die höchste mögliche Drehzahl eines zweipoligen Drehstrommotors ist bekanntlich gleich der 60fachen Netzfrequenz, also bei 50 Perioden 3000 Umdr./min. Man kann höhere Drehzahlen dadurch erreichen, daß man zwei elektrisch parallel geschaltete Motoren mechanisch in Reihe schaltet, also z. B. nur den Ständer des einen Motors festhält, den Ständer des zweiten Motors mit dem Läufer des ersten kuppelt und nun den Läufer des zweiten Motors mit der Arbeitsmaschine kuppelt. Die Drehzahl ergibt sich dann aus der Summe der Drehzahlen der beiden Motoren. Die Himmelwerke haben einen solchen Motor gebaut, der eigentlich aus zwei ineinandergeschobenen Kurzschlußmotoren besteht. Man kann auf diese Weise je nach der Polzahl der beiden Motoren verschiedene Drehzahlen bis zu 6000 bei der Frequenz 50 erhalten. Führt man den Begriff einer fiktiven elektromotorischen Kraft der Drehung E_d ein, so kann man schreiben:

$$N_m = N_\delta - m\, I_2^2\, r_2 = m\, E_d\, I_2 \cos \varphi_2 . \tag{67}$$

Hieraus findet man:

$$\begin{aligned} E_d = \frac{N_m}{m\, I_2 \cos \varphi_2} &= \frac{N_\delta}{m\, I_2 \cos \varphi_2} - \frac{I_2\, r_2}{\cos \varphi_2} = \\ \frac{w_2}{w_1} E_1 - E_2 &= k_0\, w_2\, (f_1 - f_2)\, \Phi . \end{aligned} \tag{68}$$

Setzt man aus Gleichung (47) und (50) die Werte für f_1 und f_2 in Gleichung (68) ein, so erhält man:

$$E_d = k_0\, w_2 \frac{p\, n}{60} \Phi = k_1 n \Phi . \tag{70}$$

Demnach ist die elektromotorische Kraft der Drehung bei der Induktionsmaschine ebenso wie bei allen anderen Maschinen proportional dem Produkt aus Drehzahl und Fluß.

4. Der Einphasen-Induktionsmotor

Unterbricht man eine Ständerphase eines ruhenden Drehstrommotors, so kann er auch unbelastet nicht selbständig anlaufen. Dreht man den Läufer in beliebiger Richtung an, so läuft er in dieser Richtung selbständig bis nahe an Synchronismus hoch. Er kann dann mit Drehmoment belastet werden, besitzt aber nun ein wesentlich kleineres Kippmoment als bei Drehstromanschluß, sein Kippschlupf wird auch kleiner. Der Leerlaufstrom wird etwa $\sqrt{3}$mal größer, der Kurzschlußstrom dagegen nur $\frac{\sqrt{3}}{2}$ mal so groß. Sein Drehmoment schwankt mit doppelter Netzfrequenz zwischen Null und Höchstwert im Gegensatz zum kontinuierlichen Drehmoment als Dehstrommotor.

Schaltet man zwei gleiche Drehstrommotoren ständerseitig in umgekehrter Phasenfolge in Reihe an ein Drehstromnetz, so ergibt sich, abgesehen von der Pulsation, dieselbe Drehmoment-Schlupfabhängigkeit. Im Stillstand sind ja zwei gleich große entgegengerichtete Drehmomente vorhanden, also kein Anlaßmoment. Im Lauf ist der Schlupf der in Drehrichtung laufenden Maschine s, der der anderen $2 - s$ (Bremsbereich). Drehmoment ist das Differenzmoment bei gemeinsamem Strom, jede Maschine besitzt aber ihr eigenes Drehfeld.

Der Einphasenmotor besitzt nur ein Wechselfeld, das sich in zwei gegenläufige Drehfelder zerlegen läßt, die beim Schlupf s bzw. $2 - s$ in der Läuferwicklung zwei EMKe mit den Frequenzen $s f_1$ bzw. $(2 - s) f_1$ induzieren, denen Ströme denselben Frequenzen folgen. Von den Feldern dieser Ströme läuft das größere in Drehrichtung, das kleinere entgegengesetzt mit der räumlichen Drehzahl um. Es entstehen also zwei entgegengesetzt gerichtete Drehmomente, deren Differenz sich an der Welle auswirkt. Das resultierende Drehmoment ist pulsierend mit der doppelten Netzfrequenz.

Einphasenmotoren werden meist mit einer um 90 Phasengrade versetzten Ständer-Hilfswicklung versehen, die über Kondensator mit dem Netz verbunden ein Anlaßmoment erzeugt.

VI. Der Einankerumformer

Der Einankerumformer (Bild 112) dient zur Umwandlung von ein- oder mehrphasigem Wechselstrom in Gleichstrom. Er entspricht in seiner Bauart einer Gleichstrommaschine, deren Ankerwicklung jedoch sowohl mit Schleifringen als auch mit einem Kommutator verbunden ist. Es müssen mindestens so viele Schleifringe vorhanden sein als Phasenanschlüsse (einphasig 2, dreiphasig 3, sechsphasig 6 Ringe). Der Einankerumformer ist die Verbindung eines Synchronmotors mit einem Gleichstromgenerator. Durch die Ankerwicklung fließen Wechselstrom und Gleichstrom, die sich wegen des motorischen bzw. generatorischen Verhaltens zum Teil aufheben. Demnach sind die Stromwärmeverluste bei derselben Leistung kleiner, als wenn die Maschine als Gleichstromgenerator fremd angetrieben würde. Der Einankerumformer hat daher einen sehr hohen Wirkungsgrad, seine quermagnetisierende Ankerrückwirkung ist sehr klein. Er darf daher nicht Gleichstrom in Wechselstrom umformen.
Das Übersetzungsverhältnis des Einankerumformers ist für jede Phasenzahl fest gegeben. Das Verhältnis Wechselspannung U_W zu Gleichspannung U_G kann man aus dem Verhältnis: Effektivwert zu Scheitelwert und aus der Phasenzahl errechnen.
Es beträgt:

	Für Einphasen-,	Dreiphasen-,	Sechsphasenanschluß.
$\frac{U_W}{U_G} =$	0,707	0,612	0,354

Die Maschine ist in bezug auf das Wechselstromnetz Synchronmotor und zeigt alle Eigenschaften des Synchronmotors. Eine Regelung der Erregung ändert nichts am Übersetzungsverhältnis und damit an der Höhe der Gleichspannung, sie bewirkt nur eine Änderung des Leistungsfaktors. Soll die Gleichspannung geregelt werden, so muß man die Wechselspannung regeln. Durch Übererregung kann man wie beim Synchronmotor Blindleistung erzeugen, doch wird meist nur auf $\cos \varphi = 1$ erregt.
Das Anlassen des Einankerumformers kann man von der Gleichstromseite aus durchführen, wenn eine Gleichspannung vorhanden ist, indem der Umformer als Gleichstrommotor angelassen und wie eine Synchronmaschine mit dem Wechselstromnetz synchronisiert wird. Man kann ihn auch von der Wechselstromseite aus mit Hilfe eines Anwurfmotors anlassen. Besitzt er eine Dämpferwicklung, dann kann man ihn von der Wechselstromseite aus als Induktionsmotor leer anlassen, erregt ihn dann gleichstromseitig, worauf er sich selbsttätig synchronisiert.

VII. Wechselstrom-Stromwendermotoren

1. Allgemeines

Die Wechselstromwendermotoren sind mit Ein- oder Mehrphasen-Wechselstrom gespeiste Maschinen, bei denen der Stromwender als Frequenzwandler dient und deren Drehzahl daher nicht an Synchronismus gebunden ist. Ständer und Läufer sind aus Blechen aufgebaut.
Ihre Stromwendung unterscheidet sich von der einer Gleichstrommaschine dadurch, daß in den unter einer Bürste kurzgeschlossenen Ankerwindungen außer der Stromwendespannung (in Phase mit dem Ankerstrom) auch noch eine durch

den Wechsel- bzw. Drehfluß induzierte transformatorische (dem Flußmaximum um 90° nacheilende) „Kurzschlußspannung“ entsteht. Beide Spannungen setzen sich zu einer resultierenden Spannung zusammen, die einen Kurzschlußstrom erzeugt, der Bürstenfeuer hervorrufen kann. Die Kurzschlußspannung ist auch bei Stillstand vorhanden.

2. Einphasen-Reihenschlußmotor

Seine Schaltung ist die gleiche wie beim Gleichstrom-Reihenschlußmotor, nur tragen die Pole noch in Bürstenachse eine Kompensationswicklung zur Kompensation der Ankerrückwirkung (Verbesserung des $\cos\varphi$) und Wendepole, letztere mit parallel geschaltetem Widerstand zur Aufhebung der Spannungen unter den Bürsten. Bild 18 zeigt das Schaltbild. Es gelten sinngemäß die Gln. (10), (13) und (14), also:

$$\Phi = \quad (I), \tag{71}$$

$$E = k_1 n \frac{\Phi}{\sqrt{2}} \tag{72}$$

$$M = k_2 I \frac{\Phi}{\sqrt{2}}\,. \tag{73}$$

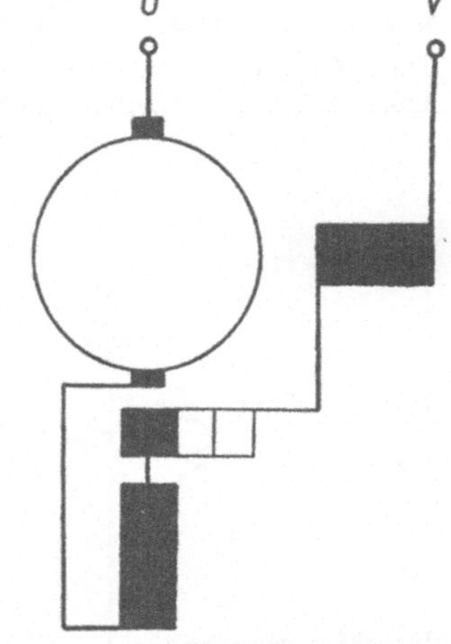

Bild 18. Schaltbild eines Einphasen-Reihenschlußmotors

Die Drehzahl sinkt mit größerem Drehmoment und Strom. Der $\cos\varphi$ wird größer bei niedriger Frequenz und großem Übersynchronismus. Die Maschine kann mit mehrfachem Übersynchronismus laufen.

3. Universalmotor

Kleine Reihenschlußmotoren (unter 250 Watt) werden meist ohne Kompensationswicklung für Gleich- und Wechselstrom gebaut, ihr $\cos\varphi$ ist wegen des großen Ankerwiderstandes verhältnismäßig gut. Ihre Drehzahl ist bei Gleichspannung meist etwas höher als bei Wechselspannung.

4. Repulsionsmotor

Die Ständerwicklung liegt am Einphasennetz, der Anker ist über die Bürsten kurzgeschlossen. Bild 19 zeigt das Schaltbild. Die Durchflutung der Ständerwicklung AW_1 kann man sich in zwei Komponenten zerlegt denken. Ihre Komponente $AW_1 \cos\alpha$ wirkt transformatorisch auf die Läuferwicklung, ihre Komponente $AW_1 \sin\alpha$ wirkt als Erregung. Durch Verdrehung der Bürstenbrücke kann daher die Drehzahl geregelt werden. Das Drehzahlverhalten ist dasselbe wie das des Reihenschlußmotors. Durch die transformatorische Wirkung der $\cos\alpha$-Komponente der Ständerdurchflutung wird

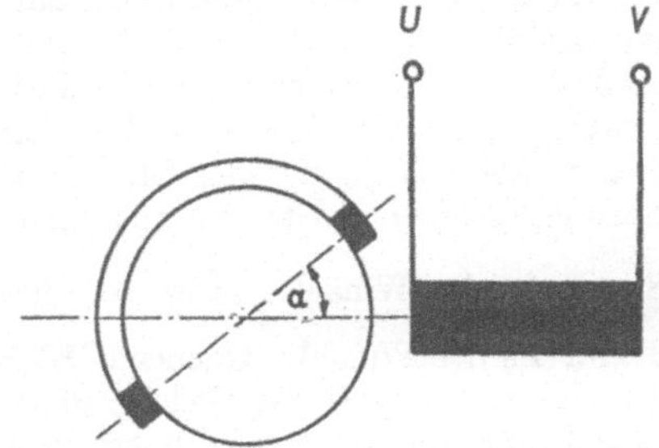

Bild 19. Schaltbild eines Repulsionsmotors

bei Synchronismus die Kurzschlußspannung aufgehoben, sie erscheint aber (entgegengesetzt gerichtet) bei $\sqrt{2}$fachem Übersynchronismus in derselben Größe wie bei Stillstand. Der Motor darf also höchstens 1,5fach synchron laufen. Die Stromwendespannung kann nicht kompensiert werden.

5. Drehstromwender-Reihenschlußmotor

Die Ständerwicklung ist die gleiche wie beim Drehstrom-Induktionsmotor. Der Anker trägt eine Gleichstromwicklung, auf dem Kommutator liegen je Polpaar drei um 120° versetzte Bürstengruppen auf. Ständer und Läufer sind, meist über einen Zwischentransformator, in Reihe geschaltet. Bild 20 zeigt das grundsätzliche Schaltbild (ohne Transformator). Die Wicklungen sind meist so bemessen, daß die synchron umlaufenden Ständer- und Läuferdurchflutungen nahezu gleich groß werden. Sie sind zeitlich stets in Phase, können aber durch Bürstenverschiebung räumlich in beliebige Phasenlage zueinander gedreht werden. Die Resultierende der beiden Felder erregt den Drehfluß Φ, der also vom Laststrom abhängig ist. Die Drehzahl zeigt daher Reihenschlußverhalten.

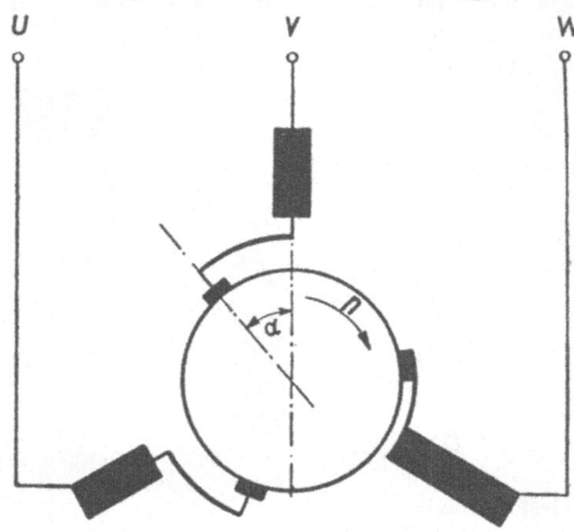

Bild 20. Schaltbild eines Drehstromwender-Reihenschlußmotor

Die Ständer-EMK folgt der Netzfrequenz f_1 nach Gl. (48):

$$E_1 = k\, w_1\, f_1\, \Phi\,. \tag{74}$$

Läuft der Anker mit einem Schlupf s um, so induziert der Drehfluß in ihm eine EMK E_2:

$$E_2 = k\, w_2\, f_2\, \Phi\,. \tag{75}$$

Die Frequenz f_2 wird über den Stromwender an den Bürsten in f_1 gewandelt. Man verschiebt die Bürsten meist gegen die Drehrichtung des Drehfeldes und Ankers um den Winkel α (120 bis 160°). Sind Ständer- und Läuferdurchflutung gleich groß, dann setzen sie sich gemäß Bild 21a zur resultierenden Durchflutung AW_r zusammen, die den Fluß Φ durch die Maschine treibt. In Bild 21b ist ein vereinfachtes Zeigerdiagramm der Ströme und Spannungen dargestellt, in dem die Spannungsabfälle in Ständer und Anker vernachlässigt sind. Der Fluß eilt dem Strom um den Winkel $\frac{\alpha}{2}$ nach, er induziert im Ständer die EMK E_1, im Läufer die ihr um den Winkel α voreilende EMK E_2, denen die Komponenten U_1 und U_2 der Netzspannung U das Gleichgewicht halten müssen. Hält man den Bürstenwinkel konstant, so muß sich bei konstanter Netzspannung der Punkt P auf einem Kreise bewegen, der durch das Dreieck OAP bestimmt und dessen Durchmesser $U_1/\sin\alpha$ ist. Für Stillstand ergibt sich das gleichschenkelige Dreieck OAP_0, und der Strom eilt dann der Spannung um 90° nach. Der Strom eilt der Spannung U_1 stets um den Winkel $90° - \frac{\alpha}{2}$ nach, bei übersynchronem Lauf kann er bei großem Winkel α der Netzspannung U voreilen.

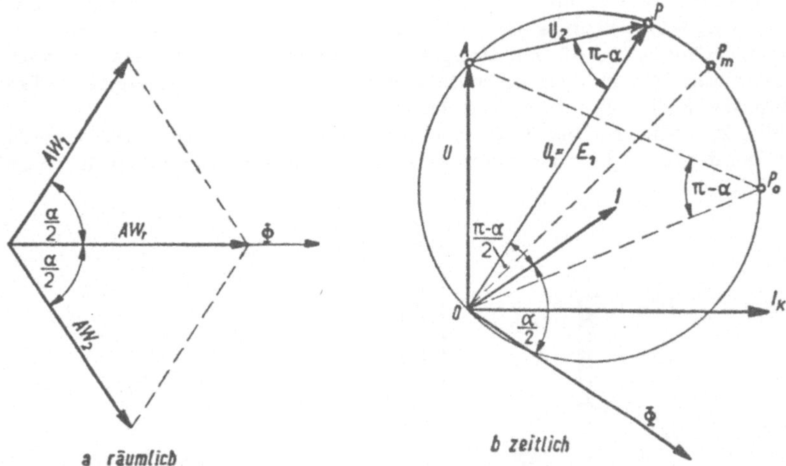

Bild 21a. Durchflutungsdiagramm eines Drehstromwender-Reihenschlußmotors
b. Kreisdiagramm eines Drehstromwender-Reihenschlußmotors

Das Drehmoment ist proportional dem Produkt aus Fluß mal $AW_2 \sin\frac{\alpha}{2}$ (Bild 21a) und damit:

$$M = k_2\, I\, \Phi \sin\frac{\alpha}{2} \approx k_3\, E_1^2 \operatorname{tg}\frac{\alpha}{2}\,. \tag{76}$$

Es erreicht seinen Höchstwert bei $E_1 = \overline{OP_m}$. Bei einer kleineren Drehzahl zwischen P_m und P_0 wird es wieder kleiner, in diesem Bereich ist das Drehmomentverhalten labil. Kleinere Winkel α geben kleinere stabile Drehmomentbereiche. Bei Sechsbürstenschaltung (je Polpaar) verschwindet diese Erscheinung.

6. Nebenschluß-Drehstromwendermotor

Dieser Motor hat Nebenschlußkennlinie und kann für verschiedene konstante Drehzahlen eingestellt werden. Man baut ihn für Ständer- und für Läuferspeisung. Bild 22 zeigt ein Schaltbild des läufergespeisten Motors. Auf dem Läufer liegt eine über Schleifringe an das Netz angeschlossene Drehstromwicklung und eine Gleichstromwicklung, auf deren Stromwender zwei dreiphasige Bürstensätze aufliegen, die an je einem verdrehbaren Bürstenstern befestigt sind. Der Ständer trägt eine dreiphasige Wicklung, deren Anfänge und Enden mit je einer Bürste der beiden Bürstensterne verbunden sind.

Das von den Strömen der Läufer-Drehstromwicklung erregte Drehfeld läuft relativ zum Läufer mit Synchrondrehzahl um und induziert in den Läuferwicklungen mit Netzfrequenz f_1 die EMKeE_1 bzw. E_2. Bei Stillstand herrscht in der Ständerwicklung auch Netzfrequenz. Läuft der Läufer gegen das Drehfeld mit Synchrondrehzahl, dann steht dieses im Raume still, der Schlupf gegen Ständer ist Null, ebenso die Ständerfrequenz (leerlaufender Induktionsmotor). Bei irgendeiner Drehzahl ist die Ständerspannung demnach $E_3 = s \cdot f_1$. Über Synchrondrehzahl kehrt E_3 seine Richtung um 180° um. Die Größe von E_2 kann durch die Verdrehung der beiden Bürstensätze gegeneinander (Winkel β) eingestellt werden. Die gemeinsame Verdrehung beider Bürstensätze um den Winkel α ergibt die Phasenlage der EMKe E_2 und E_3 zueinander.

Bild 23 stellt das unter Vernachlässigung der Spannungsabfälle vereinfachte Zeigerdiagramm der Spannungen und Ströme dar. Der Läufer läuft übersynchron

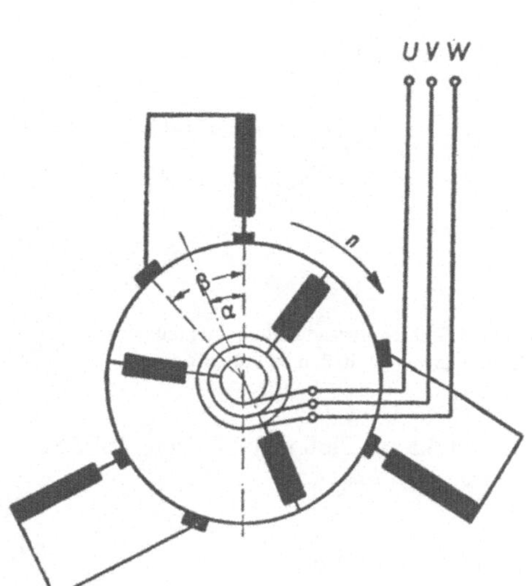

Bild 22. Schaltbild eines läufergespeisten Nebenschluß-Drehstromwendermotors

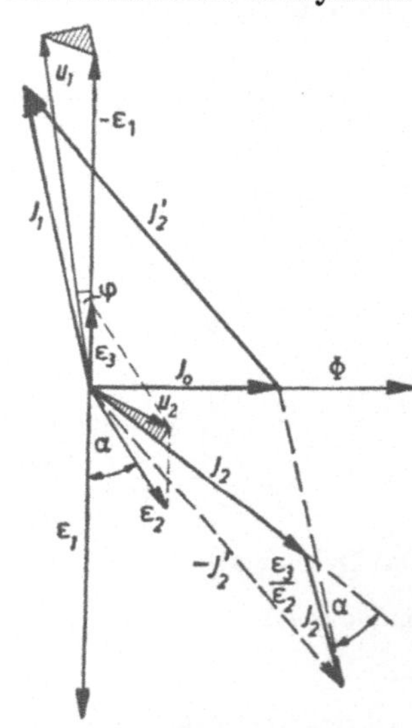

Bild 23. Zeigerdiagramm der Spannungen und Ströme eines Nebenschluß-Drehstromwendermotors

gegen Drehfeld (s negativ), beide Bürstensätze sind in Läuferdrehrichtung um α vorwärts gedreht, also eilt E_3 gegen E_2 um α vor. In Ständer- und (Läufer-)Gleichstromwicklung setzen sich E_2 und E_3 zur resultierenden Spannung U_2 zusammen, die durch beide Wicklungen den Strom I_2 treibt. In der Läufer-Drehstromwicklung fließt ein Strom I_1, der sich zusammensetzt aus dem Leerlaufstrom I_0 und dem Belastungsstrom I_2', der den Durchflutungen von Ständer- und Gleichstromwicklung mit I_2 das Gleichgewicht hält. Die Ständerdurchflutung wirkt auf den Läufer um den Winkel α gegen I_2 nacheilend, die Durchflutung der Gleichstromwicklung wirkt in Phase mit I_2. Somit setzt sich I_2' aus zwei Komponenten entsprechend den Windungszahlen der Ständer- und der Gleichstromwicklung zusammen. Für jede Bürstenstellung gilt ein Kreisdiagramm, das ebenso zu berechnen ist wie das für den Induktionsmotor, nur ist der Kreisdurchmesser wegen der Phasenkompensation stärker nach oben geschwenkt. Für den ständergespeisten Motor mit zwei Wicklungen im Ständer und einer Läufer-Gleichstromwicklung gilt das gleiche Diagramm.

VIII. Der Quecksilberdampf-Gleichrichter

Der einphasige Doppelweg-Gleichrichter nimmt Wechselstrom auf und läßt abwechselnd über je eine Anode A_1 oder A_2 und die Kathode K je eine Halbwelle des Wechselstroms nach der Gleichstromseite durch. Dieser aus Halbwellen bestehende „Wellenstrom"wird mittels einer Glättungsdrossel D_g geglättet. Zur Aufrechterhaltung des Lichtbogens während etwaiger Belastungspausen des Gleichrichters dient ein Erregerkreis, der sich über die Erregeranoden E_1 bzw. E_2 und die Kathode K schließt und auf einen besonderen Belastungswiderstand arbeitet. Zur Zündung dient ein besonderer „Zündkreis", der vom Erregerkreis abgezweigt über die Zündanode Z und die Kathode K kurzzeitig einen Lichtbogen unterhalten kann, der auf einen besonderen Widerstand arbeitet. Im Erregerkreis liegt eine Glättungsdrossel D_e, die beim Zünden einen kräftigen Abreißfunken erzeugen und ein Verlöschen des Stromes im Nulldurchgang verhindern soll.

Der Gleichrichtertransformator hat zwei Unterspannungswicklungen, eine für den Hauptkreis (u v), eine zweite für den Erregerkreis (u' v'). Der Mittelpunkt o (Sternpunkt) der Wicklung u v ist über die Glättungsdrossel D_g mit der Gleichstromlast und über diese mit der Kathode verbunden, der Mittelpunkt o' (Nullpunkt) der Wicklung (u' v') mit der Erregerlast und über diese mit der Kathode.

Die Anoden A_1, A_2 sind mit den beiden Enden u v der Hauptunterspannungswicklung verbunden. Während der positiven Halbwelle zwischen Endpunkt v der Unterspannungswicklung und Sternpunkt o des Transformators fließt der Strom von v über die Anode A_1 und den Lichtbogen zur Kathode K und von dort über die Gleichstromlast zum Sternpunkt o zurück. Während der negativen Halbwelle geht dasselbe Spiel von u über A_2 nach K und von dort über die Gleichstromlast nach o zurück. In ähnlicher Weise arbeitet der Erregerkreis, von dessen Transformatorwicklung u' v' die Verbindungen über die Erregerlast zu den Erregeranoden E_1, E_2 führen und von dort über die Kathode nach dem Sternpunkt o' zurück. Es gibt Gleichrichter ohne Erregerkreis, bei denen parallel zur Last eine Erregerlast als Dauerbürde geschaltet ist. In diesem Falle besitzt der Gleichrichtertransformator nur eine Unterspannungswicklung.

Sowohl in den Anodenleitungen als auch in der Sternpunktleitung fließt kein reiner Gleichstrom, sondern Wellenstrom, der allerdings weitgehend durch die Glättungsdrossel D_g geglättet werden kann. Mißt man daher die Stromstärke vergleichsweise mit einem Drehspulmeßgerät und einem Weicheisen- oder sonstigem Wechselstrommeßgerät, so findet man immer Unterschiede, indem der Mittelwert kleiner als der Effektivwert ist. Die Leistung auf der Gleichstromseite muß aus den Mittelwerten von Strom und Spannung errechnet werden. Ein vergleichsweise auf der Gleichstromseite eingebautes Leistungsmeßgerät kann zur Bestimmung der Oberwellenleistung verwendet werden.

Mehrphasige Eingefäß-Gleichrichter besitzen so viele Anoden, wie die Unterspannungswicklung des Transformators Phasen hat. Ihre Arbeitsweise ist die gleiche wie die des Doppelweg-Gleichrichters. Die Belastung wandert entsprechend den Wechselspannungen von Anode zu Anode.

VIERTER TEIL

Elementare Untersuchungen

I. Untersuchung von Elektromagneten

1. Messungen an einem Gleichstrom-Elektromagneten

Da sich beim Gleichstrom-Elektromagneten der Strom aus dem Ohmschen Gesetz ergibt, muß für normale Gleichspannungen seine Wicklung aus vielen dünndrahtigen Windungen hergestellt sein. Man wird zweckmäßig einen regelbaren Vorschaltwiderstand vor die Wicklung legen, um zunächst eine allzu große Stromaufnahme zu vermeiden, bis man sich über die notwendige Erregerstromstärke klargeworden ist. Der Anker nebst Zubehör ist vor der Messung abzuwägen. Der Hub ist genau zu messen und durch eine Vorrichtung genau zu begrenzen. Die Belastung des Ankers muß so groß sein, daß der Anker eben noch in Ruhe bleibt, jedoch bei leichtester Nachhilfe angezogen wird.

Schaltung für Gleichstromerregung Bild 24.

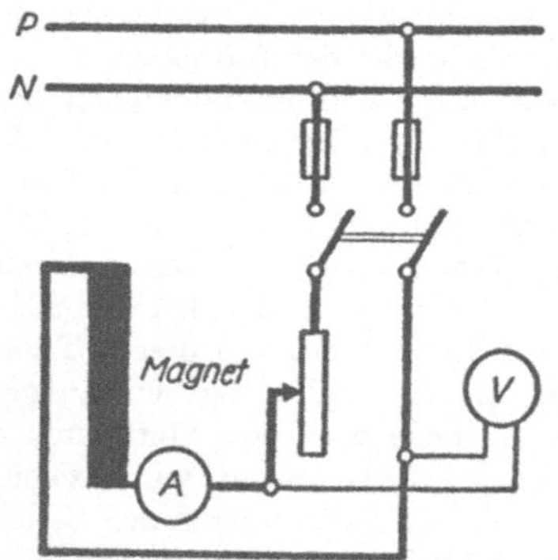

Bild 24. Schaltung zur Untersuchung des Gleichstrom-Elektromagneten

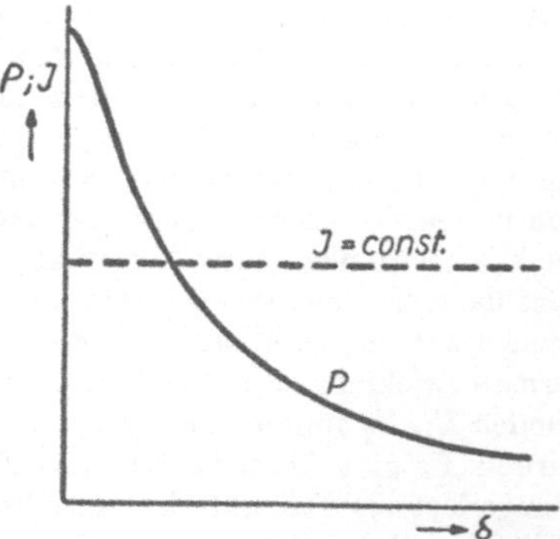

Bild 25. Zugkraft des Gleichstrom-Elektromagneten in Abhängigkeit vom Luftspalt

Beschreibung des Versuchs

Der Erregerstrom ist über den Regelwiderstand auf den gewünschten Wert einzustellen und konstant zu halten. In Abhängigkeit von genau einzustellenden verschiedenen Hüben δ ist die Zugkraft mittels einer Waagschale und Gewichten zu messen. Die Messung ist für verschiedene konstant eingestellte Erregerströme zu wiederholen und die gemessenen Zugkräfte in Abhängigkeit vom Hub in Kurvenform aufzutragen (Bild 25).

2. Messungen an einem Wechselstrom-Elektromagneten

Beim Wechselstrom-Elektromagneten ergibt sich nach Gleichung (4) der Fluß etwa proportional zu der an die Wicklung angelegten Wechselspannung. Die Windungszahl der Wicklung ist bei gleicher Spannung weit geringer als bei Gleichstromerregung. Der Erregerstrom ergibt sich nach Gleichung (6) in Abhängigkeit vom Hub, also ist der Spannungsabfall bei großem Hub groß, bei kleinem niedrig. Sind keine Leistungsschildangaben vorhanden, so muß der Versuch mit niedriger Spannung begonnen werden. Kann die Dämpferwicklung geöffnet werden, so ist der Versuch einmal mit geschlossener und einmal mit offener Dämpferwicklung auszuführen. Wie beim Gleichstrommagneten muß der Hub genau gemessen werden. Da der Erregerstrom vom Hub abhängig ist, muß für jeden Hub neben der Zugkraft auch der zugehörige Erregerstrom gemessen werden.

Schaltung für Wechselstromerregung Bild 26.

Beschreibung des Versuchs

Die Wechselspannung und Frequenz ist konstant zu halten. Die Wicklung ist an die Wechselspannung anzulegen. In Abhängigkeit von verschiedenen genau einzustellenden Hüben δ werden Zugkraft P und Erregerstrom I gemessen. Zugkraft und Strom sind in Abhängigkeit vom Hub in Kurvenform aufzutragen (Bild 27), wenn möglich, für geöffnete und geschlossene Dämpferwicklung getrennt. Bei richtig bemessener Dämpferwicklung ist, abgesehen vom Fortfall des Schnarrens, festzustellen, daß bei gleicher Spannung und Frequenz die Zugkraft bei gleichem Hub größer, der Strom aber kleiner wird als bei offener Dämpferwicklung.

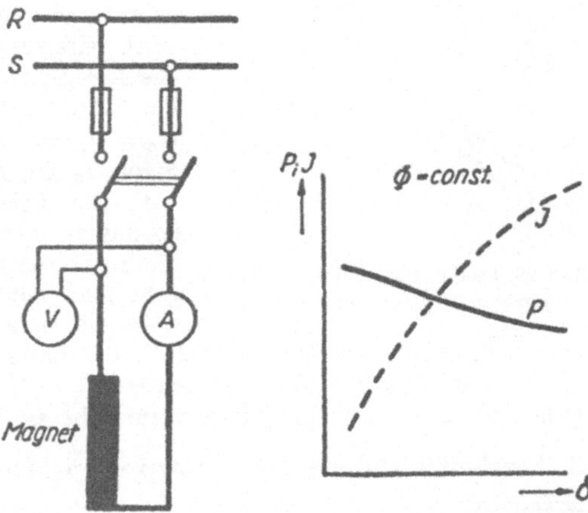

Bild 26. Schaltung zur Untersuchung des Wechselstrom-Elektromagneten

Bild 27. Zugkraft und Strom beim Wechselstrom-Elektromagneten in Abhängigkeit vom Luftspalt

II. Messungen an Gleichstrommaschinen.

1. Leerlaufskennlinie der fremderregten Maschine

Erklärung

Unter Leerlaufskennlinie einer fremderregten Gleichstrommaschine versteht man die Beziehung zwischen der im Anker induzierten EMK E und dem Erregerstrom I_e bei leerlaufender, d. h. un-

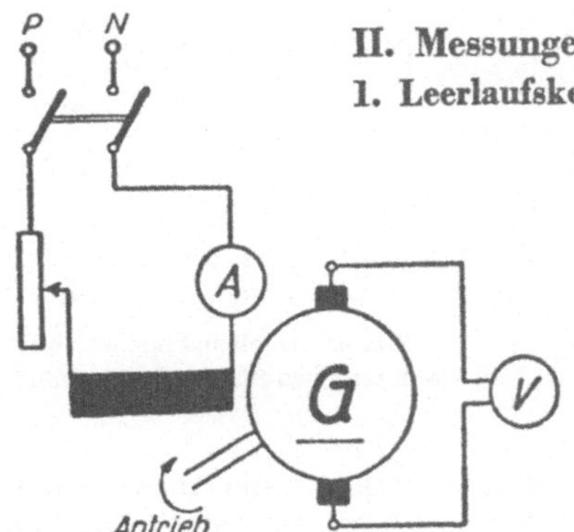

Bild 28. Schaltbild für die Aufnahme der Leerlaufskennlinie einer fremderregten Gleichstrommaschine

belasteter Maschine und konstanter Drehzahl. Sie gibt uns also die folgende Beziehung an:

$$E = f(I_e), \quad I_a = O, \quad n = \text{const.}$$

Schaltung für die Aufnahme der Leerlaufskennlinie Bild 28.

Beschreibung des Versuchs

Die Feldwicklung wird mit einem regelbaren Widerstand an die Stromquelle angeschlossen und an die Ankerklemmen ein Spannungsmesser gelegt. Nach Fertigstellung der Schaltung wird die Maschine auf Nenndrehzahl gebracht. Durch flüchtiges Einschalten des Erregerstromes wird geprüft, ob die Meßinstrumente nach der richtigen Seite ausschlagen. Nach Wiederausschalten des Erregerstromes liest man bei Nenndrehzahl die EMK E_0 ab, welche vom remanenten Fluß ($I_e = O$) erzeugt wird. Dann schaltet man den Strom I_e ein, verstärkt ihn schrittweise, bis die auf dem Leistungsschild angegebene Nennspannung etwas überschritten wird, und liest die zugehörigen Werte der EMK E ab. Dann geht man mit der Erregerstromstärke schrittweise wieder zurück bis auf $I_e = O$ und erhält eine neue Reihe von Werten für E, die infolge der Hysteresis höher als die ersten Werte liegen. Die beobachteten Werte sind zeichnerisch darzustellen (Bild 29). Das Eisen im Kreise verursacht die Krümmung der Kurve.

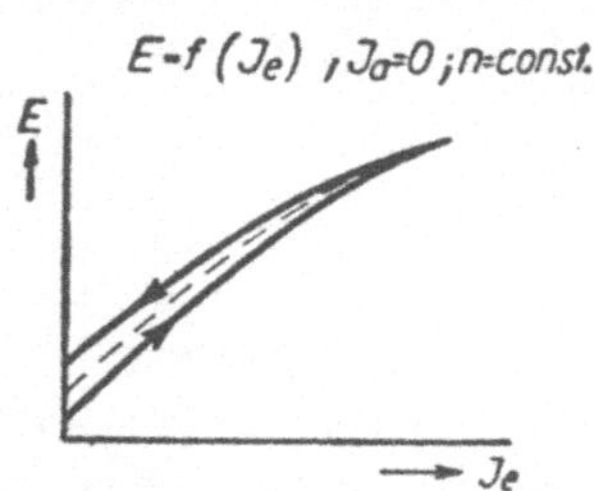

Bild 29. Leerlaufskennlinie der fremderregten Gleichstrommaschine

2. Leerlaufskennlinie der selbsterregten Maschine

Erklärung

Unter Leerlaufskennlinie einer selbsterregten Gleichstrommaschine (Gleichstrom-Nebenschlußmaschine) versteht man analog der Leerlaufkennlinie bei der fremderregten Maschine die Beziehung zwischen der bei konstanter Drehzahl im Anker induzierten EMK E und dem Erregerstrom I_e bei unbelasteter Maschine.

$$E = f(I_e), \quad I_a = O, \quad n = \text{const.}$$

Schaltung Bild 30.

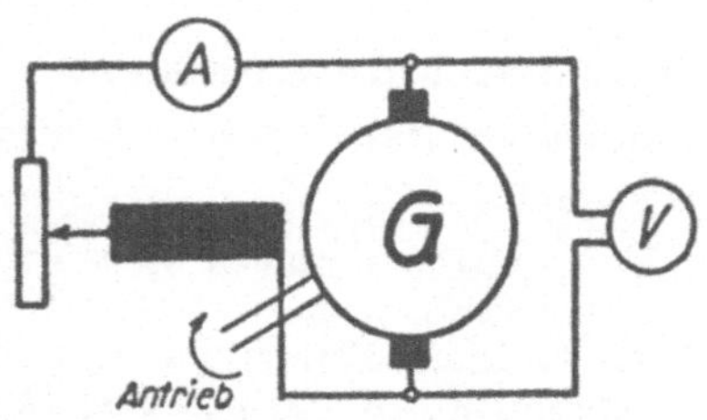

Bild 30. Schaltbild zur Aufnahme der Leerlaufskennlinie einer selbsterregten Gleichstrommaschine

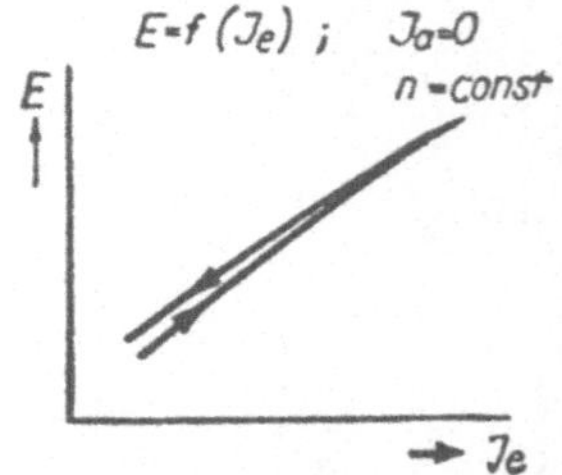

Bild 31. Leerlaufskennlinie einer selbsterregten Gleichstrommaschine

Beschreibung des Versuchs

Die Feldwicklung wird mit einem regelbaren Widerstand an die Ankerklemmen angeschlossen und die Maschine von einem Antriebsmotor mit Nenndrehzahl angetrieben. Ankerspannung und Erregerstrom werden gemessen. Durch Verändern des Widerstandes im Erregerstromkreis wird der Erregerstrom verändert und die jeweils zugehörige EMK E abgelesen. Die beobachteten Werte sind zeichnerisch darzustellen (Bild 31).

3. Belastungskennlinie des fremderregten Gleichstromgenerators

Erklärung

Die Belastungskennlinie gibt den Zusammenhang von Klemmenspannung U und Erregerstrom I_e bei konstantem Belastungsstrom I_a und konstanter Drehzahl an.

Schaltung Bild 32.

$$U = f(I_e), \quad I_a = \text{const}, \quad n = \text{const}.$$

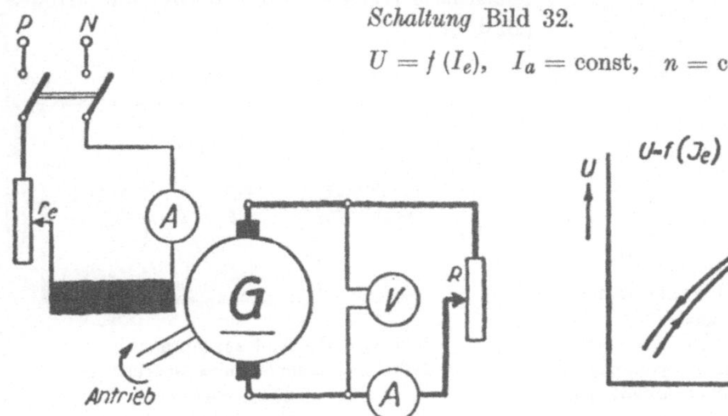

Bild 32. Schaltbild zur Aufnahme der Belastungskennlinie eines fremderregten Gleichstromgenerators

Bild 33. Belastungskennlinie eines fremderregten Gleichstromgenerators

Beschreibung des Versuchs

Nachdem die Maschine nach dem angegebenen Schaltbild (Bild 32) geschaltet ist und mit konstanter Drehzahl n auf den regelbaren äußeren Widerstand R arbeitet, wird R so geregelt, daß bei veränderlicher Erregerstromstärke I_e der Belastungsstrom I_a konstant bleibt. Die zu I_e gehörige Klemmenspannung U wird mit steigendem und fallendem Erregerstrom abgelesen. Der Versuch wird durchgeführt für $^1/_3\, I_a$, $^2/_3\, I_a$ und I_a. Die beobachteten Werte sind zeichnerisch darzustellen (Bild 33).

4. Äußere Kennlinie des fremderregten Gleichstromgenerators

Erklärung

Die äußere Kennlinie gibt die Abhängigkeit der Klemmenspannung U vom Belastungsstrom I_a bei konstanter Drehzahl an, wobei der Erregerwiderstand r_e so eingestellt ist, daß bei Nennstrom I_a die Nennspannung U auftritt. Da die Erregerwicklung an konstanter Spannung liegt, ist bei konstantem Erregerwiderstand r_e der Erregerstrom I_e konstant.

$$U = f(I_a), \quad r_e = \text{const}, \quad I_e = \text{const}, \quad n = \text{const}.$$

Schaltung wie bei der Belastungskennlinie Bild 32.

Beschreibung des Versuchs

Nach Fertigstellung der Schaltung wird die Maschine auf Nenndrehzahl n gebracht, auf eine etwas höhere Spannung als die Nennspannung U erregt und mit Hilfe des Widerstandes R belastet. Dann werden mit Hilfe des Belastungswiderstandes R und des Regelwiderstandes r_e Nennstrom und Nennspannung gemäß den Leistungsschildangaben eingestellt und der zugehörige Erregerstrom I_e gemessen. Man ändert nun bei unverändertem Erregerstrom I_e stufenweise den Belastungswiderstand R bis Leerlauf ($R = \infty$) und liest die Klemmenspannung U in Abhängigkeit vom Belastungsstrom I_a ab. Die beobachteten Werte sind zeichnerisch darzustellen (Bild 34).

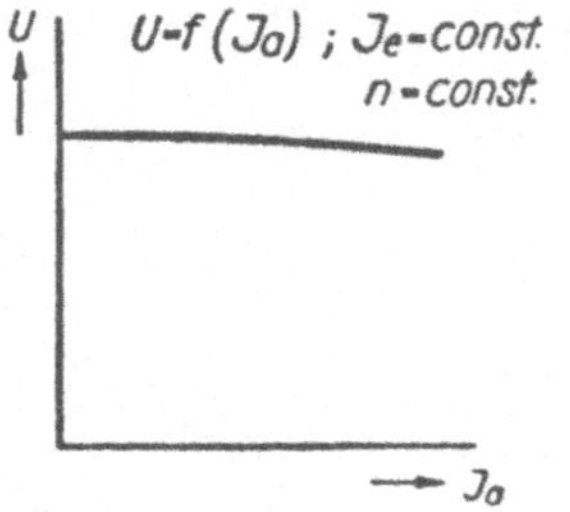

Bild 34. Äußere Kennlinie eines fremderregten Gleichstromgenerators. Sie fällt mit zunehmender Belastung wegen des ohmschen Spannungsabfalles und der Ankerrückwirkung

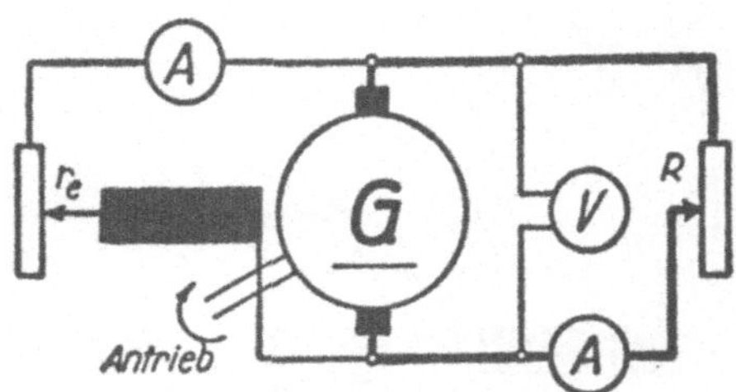

Bild 35. Schaltbild zur Aufnahme der äußeren Kennlinie eines Gleichstrom-Nebenschlußgenerators

5. Äußere Kennlinie des selbsterregten Gleichstrom-Nebenschlußgenerators

Erklärung

Die äußere Kennlinie eines Gleichstrom-Nebenschlußgenerators stellt analog der äußeren Kennlinie der fremderregten Maschine die Abhängigkeit der Nennspannung U vom Belastungsstrom I_a bei konstanter Drehzahl n und konstantem Feldwiderstand r_e dar.

$$U = f(I_a), \quad r_e = \text{const}, \quad n = \text{const}.$$

Schaltung Bild 35.

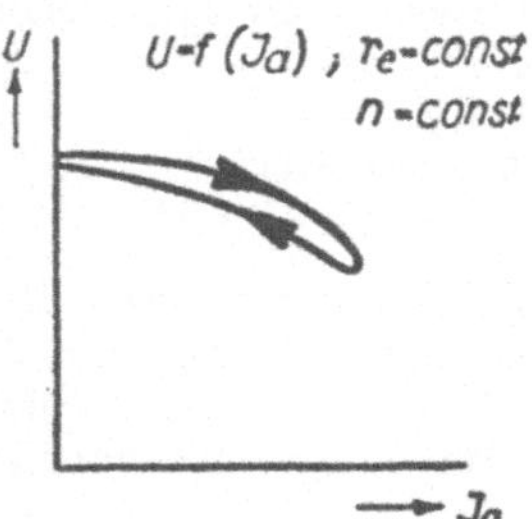

Bild 36. Äußere Kennlinie eines Gleichstrom-Nebenschlußgenerators bei voller Betriebsspannung

Beschreibung des Versuchs

Bei konstanter Nenndrehzahl n werden durch einen Vorversuch Nebenschlußregler r_e und Belastungswiderstand R so eingestellt, daß bei Belastung mit Nennstrom I_a die Nennspannung U auftritt. Dann wird die Maschine abgeschaltet und die eigentliche Messung bei $I_a = O$ begonnen. Schrittweise wird dann R verringert und U und I_a abgelesen. Nach Erreichen der höchstzulässigen Stromstärke wird R wieder vergrößert bis $I_a = O$. Die beobachteten Werte sind zeichnerisch darzustellen (Bild 36). Ein gleicher Versuch wird bis zum Kurzschluß der Maschine durchgeführt. Nur geht man hier, damit der Ankerstrom I_a nicht zu groß wird, von einer geringeren Klemmenspannung U aus. Die für fallende und steigende Spannung gefundenen Werte sind in Bild 37 zeichnerisch dargestellt. Die Werte für steigenden und fallenden Strom liegen infolge der Hysterese verschieden.

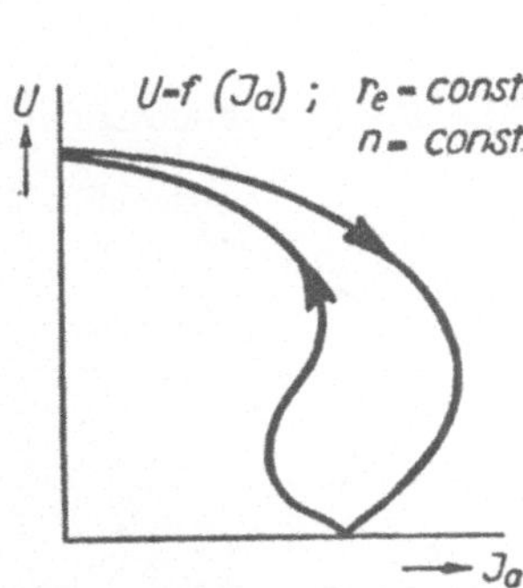

Bild 37. Äußere Kennlinie eines Gleichstrom-Nebenschlußgenerators bei verringerter Spannung bis zum Kurzschluß

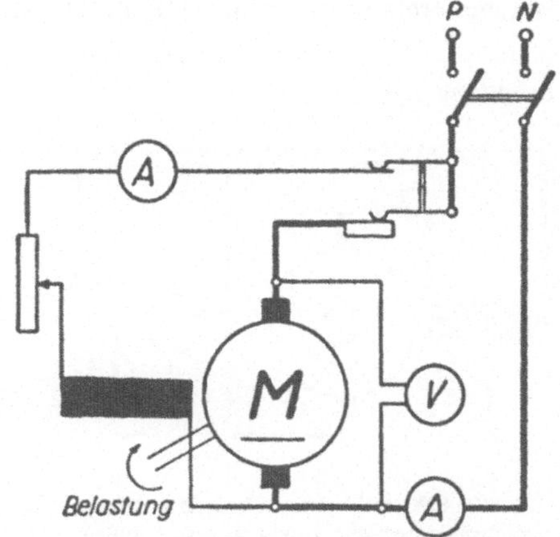

Bild 38. Schaltbild zur Aufnahme der Drehzahlkennlinie eines Gleichstrom-Nebenschlußmotors

6. Drehzahlkennlinie des Gleichstrom-Nebenschlußmotors

Erklärung

Die Drehzahlkennlinie eines Motors stellt die Abhängigkeit der Drehzahl von der Ankerstromstärke I_a bei konstanter Klemmenspannung U dar.

$$n = f(I_a), \quad U = \text{const.}$$

Schaltung Bild 38.

Beschreibung des Versuchs

Der Nebenschlußmotor wird mit der Nennspannung betrieben. Durch Belastung mit einer Arbeitsmaschine oder einer auf ein Netz zurückarbeitenden Dynamomaschine wird die Stromaufnahme I_a stufenweise gesteigert und die dazugehörige Drehzahl n abgelesen. Die beobachteten Werte sind zeichnerisch darzustellen (Bild 39).

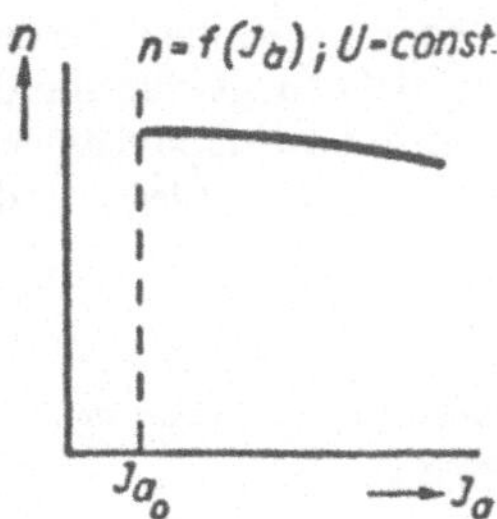

Bild 39. Drehzahlkennlinie eines Gleichstrom-Nebenschlußmotors. Sie fällt infolge des Spannungsabfalles mit zunehmender Belastung

7. Äußere Kennlinie des Gleichstrom-Hauptschlußgenerators

Erklärung

Die äußere Kennlinie stellt die Klemmenspannung U in Abhängigkeit vom Belastungsstrom I_a dar, wenn die Drehzahl n konstant gehalten wird.

$$U = f(I_a), \quad n = \text{const.}$$

Schaltung Bild 40.

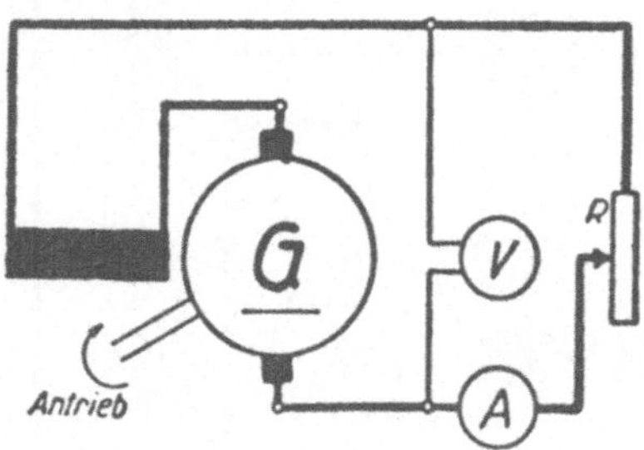

Bild 40. Schaltbild eines Gleichstrom-Hauptschlußgenerators zur Aufnahme seiner äußeren Kennlinie

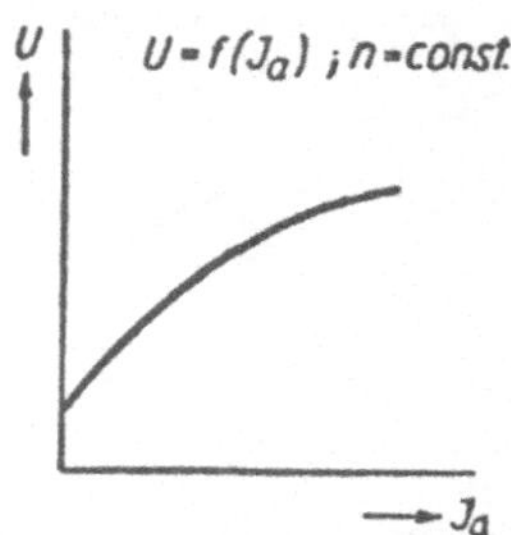

Bild 41. Äußere Kennlinie eines Gleichstrom-Hauptschlußgenerators. Mit zunehmender Belastung steigt der Strom und damit der Fluß und die Spannung

Beschreibung des Versuchs

Der Hauptschlußgenerator arbeitet auf Widerstände, wobei die Nenndrehzahl dauernd eingeregelt wird. Durch Ändern des Belastungswiderstandes R ändert sich der Belastungsstrom I_a. Dann werden U und I_a abgelesen. Die beobachteten Werte sind zeichnerisch darzustellen (Bild 41).

8. Drehzahlkennlinie des Gleichstrom-Hauptschlußmotors

Erklärung vergleiche Punkt 6

$$n = f(I_a), \quad U = \text{const.}$$

Schaltung Bild 42.

Beschreibung des Versuchs

Der Motor kann beispielsweise mit einem Generator gekuppelt sein, der auf einen Belastungswiderstand arbeitet. Er wird an eine konstante Klemmenspannung U gelegt und

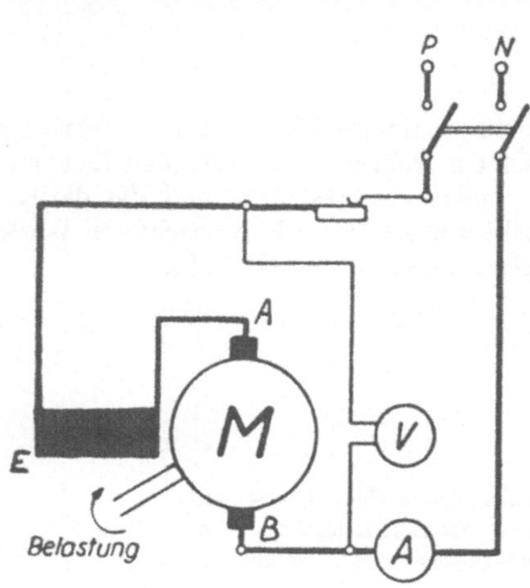

Bild 42. Schaltbild zur Aufnahme der Drehzahlkennlinie eines Gleichstrom-Hauptschlußmotors

angelassen. Der Belastungswiderstand der Dynamomaschine wird dabei so eingestellt, daß der Motor mit Höchstlast belastet ist. Durch Regeln dieses Belastungswiderstandes wird der Motor stufenweise entlastet, wobei die Drehzahl n und der zugehörige Strom I_a gemessen werden. Da der Hauptschlußmotor bei Entlastung durchgeht, darf die Belastungsmaschine nicht völlig entlastet werden. Die beobachteten Werte sind zeichnerisch darzustellen (Bild 43).

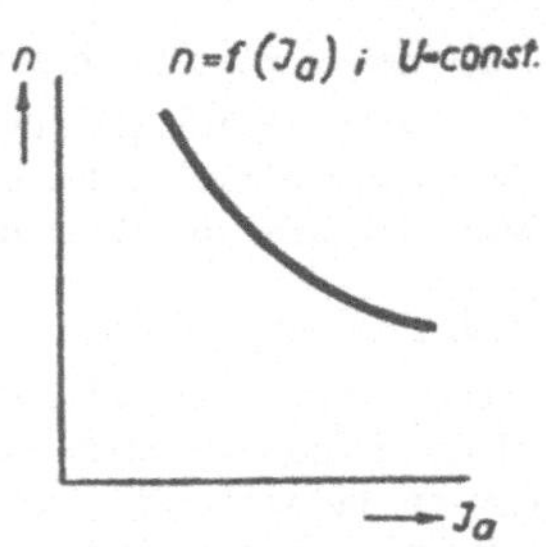

Bild 43. Drehzahlkennlinie eines Gleichstrom-Hauptschlußmotors. Mit zunehmender Belastung steigt der Fluß und damit sinkt die Drehzahl bei konstanter Spannung

9. Messungen an einer Gleichstrom-Doppelschlußmaschine

Die Maschine wird zunächst bei kurzgeschlossener Hauptschlußwicklung als reine Nebenschlußmaschine untersucht. Dann wird der Kurzschluß geöffnet, die Nebenschlußwicklung abgeschaltet und die Maschine als reine Hauptschlußmaschine untersucht. Schließlich werden beide Wicklungen angeschlossen und die Untersuchung der Maschine in Verbund- und Gegenverbundschaltung durchgeführt.

In dieser Weise werden die Leerlaufskennlinien, Belastungs- und äußeren Kennlinien sowie die Drehzahlkennlinien der Maschine aufgenommen. Für Aufnahme der Leerlaufskennlinie der Hauptschlußmaschine muß die Hauptschlußwicklung abgetrennt und fremderregt werden, bei Aufnahme der Drehzahlkennlinie in reiner Hauptschlußschaltung muß wegen des schwachen Erregerfeldes der Anker an verringerte Spannung gelegt werden, um Durchgehen zu verhindern.

Schaltung Bild 44 soll andeuten, daß beide Erregerwicklungen im selben Sinne magnetisieren (Verbundschaltung). Bei Magnetisierung in entgegenngesetztem Sinne sind die Anschlüsse E und F zu vertauschen (Gegenverbundschaltung), wobei der Drehsinn des Ankers unverändert bleibt.

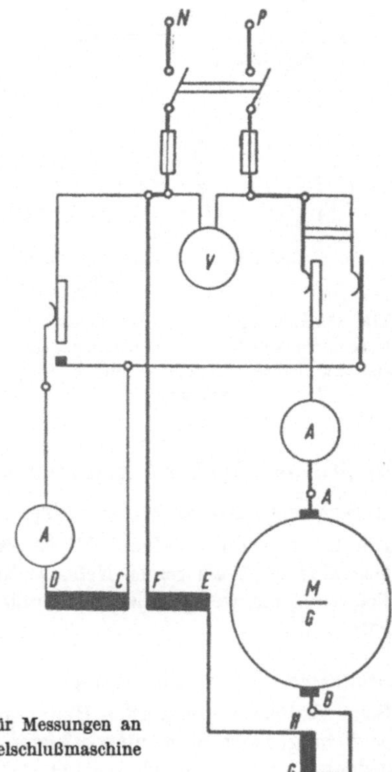

Bild 44. Schaltbild für Messungen an der Gleichstrom-Doppelschlußmaschine

Beschreibung der Versuche

a) *Generator. Äußere Kennlinie*

Aufnahme in Nebenschlußschaltung

Die Reihenschlußwicklung EF wird kurzgeschlossen oder ganz abgeschaltet, so daß H mit N verbunden ist. Die Spannung fällt mit zunehmender Belastung. Die Maschine arbeitet als reine Nebenschlußmaschine (Bild 45, Kurve I).

Aufnahme in Verbundschaltung

Haupt- und Nebenschlußwicklung müssen so geschaltet werden, daß beide im gleichen Sinne magnetisieren. Die Spannung steigt mit zunehmender Belastung erst an, bei weiterer Vergrößerung der Belastung fällt sie wieder ein wenig ab. Sie liegt stets höher als bei reiner Nebenschlußschaltung (Bild 45, Kurve II).

Aufnahme in Gegenverbundschaltung

Haupt- und Nebenschlußwicklung müssen so geschaltet werden, daß sie im entgegengesetzten Sinne magnetisieren. Die Spannung sinkt mit zunehmender Belastung stärker ab als bei reiner Nebenschlußschaltung (Bild 45, Kurve III).

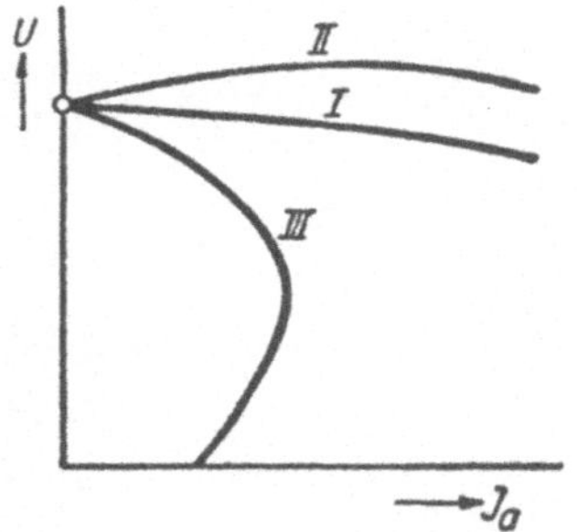

Bild 45. Äußere Kennlinien der Gleichstrom-Nebenschlußmaschine (I), -Verbundmaschine (II) und -Gegenverbundmaschine (III) als Generator

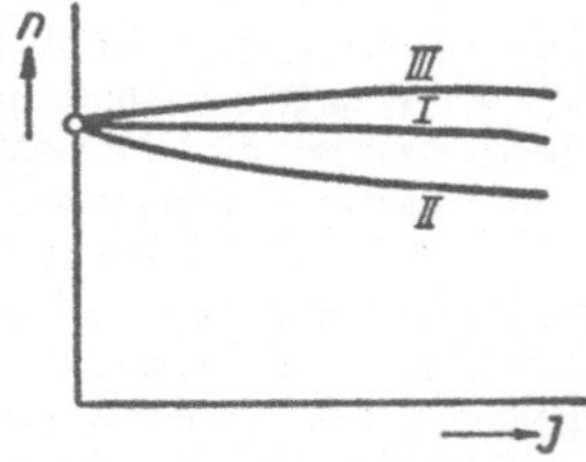

Bild 46. Drehzahlkennlinien des Gleichstrom-Nebenschlußmotors (I), -Verbundmotors (II) und Gegenverbundmotors (III)

b) *Motor. Drehzahlkennlinie*

Aufnahme in Nebenschlußschaltung

Die Reihenschlußwicklung EF ist kurzgeschlossen oder ganz abgeschaltet. Die Maschine läuft als reiner Nebenschlußmotor. Die Kurve ist die mit steigender Belastung ein wenig fallende Kennlinie des reinen Nebenschlußmotors (Bild 46, Kurve I).

Aufnahme in Verbundschaltung

Beim Verbundmotor werden Haupt- und Nebenschlußwicklung so geschaltet, daß beide im gleichen Sinne magnetisieren. Die Drehzahl fällt mit steigender Belastung bedeutend stärker ab als bei reiner Nebenschlußerregung (Bild 46, Kurve II).

Aufnahme in Gegenverbundschaltung

Haupt- und Nebenschlußwicklung magnetisieren gegeneinander. Die Drehzahl steigt mit zunehmender Belastung zunächst an und fällt mit weiter steigender Belastung etwas ab. Bei starker Hauptschlußerregung tritt dieser Abfall erst bei sehr großer Überlastung des Motors ein, es besteht also die Gefahr einer sehr starken Drehzahlerhöhung (Bild 46, Kurve III).

10. Bestimmung des Wirkungsgrades von Gleichstrommaschinen nach verschiedenen Meßverfahren

Der Wirkungsgrad η einer Maschine bzw. eines Maschinensatzes ist bestimmt durch das Verhältnis der abgegebenen Leistung (Abgabe) N_a zur zugeführten Leistung (Aufnahme) N_z. Man erhält ihn aus der Gleichung:

$$\eta = \frac{N_a}{N_z} = 1 - \frac{V}{N_z}, \text{ wo} \tag{77}$$

$$V = N_z - N_a = \text{Verlustleistung ist.} \tag{78}$$

Die Verluste in einer elektrischen Maschine gliedern sich in Reibungs-, Eisen- und Stromwärmeverluste. Während die Reibungs- und Eisenverluste, auch Leerverluste genannt, im allgemeinen belastungsunabhängig sind, wachsen die Stromwärmeverluste mit dem Quadrat der Stromstärke, also der Belastung, an. Bei kleiner Belastung überwiegen die Leerverluste, bei Leerlauf sind sie gleich der gesamten Aufnahme ($V_0 = N_z$, $\eta = O$); bei sehr großer Belastung überwiegen die Stromwärmeverluste bedeutend und können einen wesentlichen Anteil der Aufnahme ausmachen. Der Wirkungsgrad η wird also bei kleiner Last und bei sehr großer Last niedrig. Er wird am höchsten, wenn die Leerverluste gleich sind den Stromwärmeverlusten ($V_0 = V_w$).

Man stellt den Wirkungsgrad zeichnerisch in Abhängigkeit von der abgegebenen Leistung oder in Abhängigkeit vom Drehmoment dar.

$$\eta = f\,(N_a); \quad \eta = f\,(M).$$

Unter direkten Meßverfahren versteht man solche, bei denen zugeführte und abgegebene Leistung unmittelbar gemessen werden. Dabei werden insbesondere die folgenden Meßverfahren angewendet:

Belastungsverfahren. Aufnahme und Abgabe werden mit elektrischen Meßgeräten an zwei starr gekuppelten gleichgroßen Maschinen festgestellt.

Bremsverfahren. Die mechanische Leistung wird aus Drehzahl und Drehmoment, die elektrische aus Strom und Spannung ermittelt. Das Drehmoment kann unmittelbar mit Bremse (Bremszaum, Wasserbremse, Seilbremse, Wirbelstrombremse, Pendeldynamo oder dgl.) oder Dynamometer (*Fischer*-Dynamometer, Torsions-Dynamometer und dgl.) gemessen werden oder mittelbar mittels einer Hilfsmaschine.

a) *Das Belastungsverfahren*

Erklärung

An einem Gleichstrom-Nebenschluß-Motorgeneratorsatz ist der Wirkungsgrad für verschiedene Belastungen zu ermitteln. Die aufgenommene Leistung des Motors und die abgegebene Leistung des Generators werden durch Strom- und Spannungsmessung ermittelt.

Schaltung Bild 47.

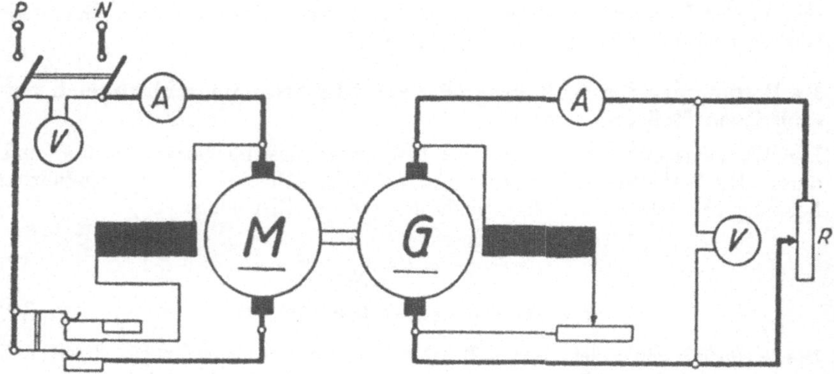

Bild 47. Schaltbild für die Wirkungsgradbestimmung eines Gleichstrom-Motor-Generatorsatzes mittels des Belastungsverfahrens

Beschreibung des Versuchs

Der Motor M wird von einem Gleichstromnetz gespeist, während der Generator G in Nebenschlußschaltung (selbsterregt) auf einen Belastungswiderstand R arbeitet. Durch Verändern des Belastungswiderstandes R werden verschiedene Belastungsstufen eingestellt, wobei die Drehzahl n konstant zu halten ist. Die Ströme und Spannungen werden abgelesen und daraus Leistung und Wirkungsgrad ermittelt. Die beobachteten Werte sind zeichnerisch darzustellen (Bild 48).

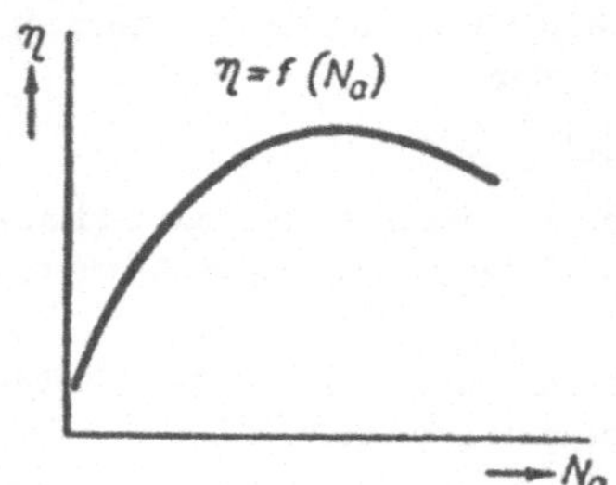

Bild 48. Wirkungsgradkurve eines Gleichstrom-Motor-Generatorsatzes

b) *Bremsverfahren mit dem Pronyschen Zaum*

Erklärung

Für einen Gleichstrom-Hauptschlußmotor ist der Wirkungsgrad nach dem Bremsverfahren mit Hilfe eines *Prony*schen Zaumes zu ermitteln. Während die zugeführte Leistung aus den Ablesungen der elektrischen Meßinstrumente ermittelt wird, ist die an der Riemenscheibe abgegebene Leistung

$$N_a = P_v\,[\mathrm{mkg/s}] = 9{,}81\,Pv\,[\mathrm{Watt}] = 9{,}81\,M\,\omega\,[\mathrm{Watt}], \qquad (79)$$

wenn Umfangskraft P in kg, Umfangsgeschwindigkeit v in m/s und Drehmoment M in mkg gemessen werden. Die Winkelgeschwindigkeit ω ermittelt man aus der Beziehung

$$\omega = \frac{2\pi n}{60} [\mathrm{s}^{-1}] \tag{80}$$

bei n Umd./min. Da beim *Prony*schen Zaum der Angriffspunkt der Kraft P vom Mittelpunkt der Welle a cm entfernt ist, so ergibt sich das Drehmoment aus der Beziehung

$$M = \frac{P\,a}{100}. \tag{81}$$

Die Abgabe errechnet sich, siehe Gl. (142), somit als:

$$N_a = 1{,}027 \cdot 10^{-2}\, P a n\ [\mathrm{Watt}]. \tag{82}$$

Schaltung Bild 49.

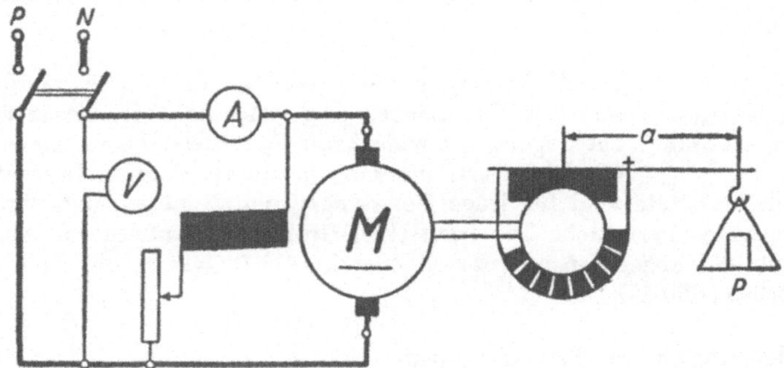

Bild 49. Schaltbild für die Abbremsung eines Gleichstrom-Nebenschlußmotors mit Pronyschem Zaum

Beschreibung des Versuchs

Nach Fertigstellung der Schaltung wird auf die Riemenscheibe des Motors der *Prony*sche Zaum aufgesetzt und der Hebelarm a gemessen. Dann wird der Zaum angezogen, der Motor angelassen und die mit dem Hebelarm a angreifende Umfangskraft P mittels Dynamometers oder Gewichten gemessen sowie die Drehzahl n abgelesen. Durch verschieden starkes Anpressen der Bremsbacken werden verschiedene Belastungen eingestellt. Aus Aufnahme und Abgabe ist der Wirkungsgrad zu ermitteln. Kurve ähnlich wie Bild 48.

c) *Bremsverfahren mittels der Seilscheibe*

Erklärung

Für einen Gleichstrom-Nebenschlußmotor ist der Wirkunsgrad nach dem Bremsverfahren mit Hilfe einer Seilscheibe zu ermitteln. Während die zugeführte Leistung mit Hilfe der elektrischen Meßinstrumente gemessen wird, ist die an der Seilscheibe abgegebene Leistung

$$N_a = \frac{1{,}027 \cdot 10^{-2}\, P d' n}{2} [\mathrm{Watt}], \tag{83}$$

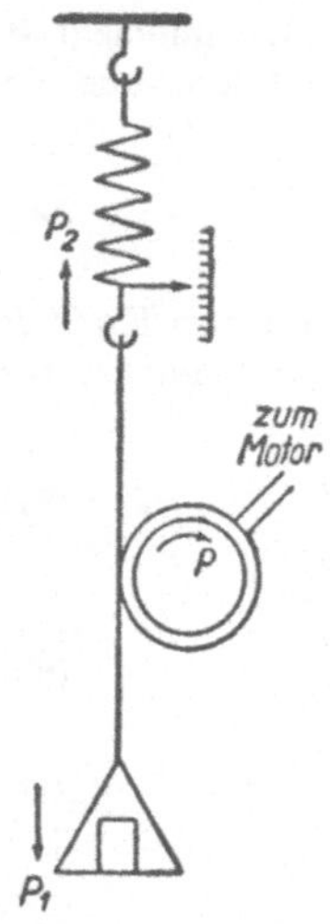

Bild 50. Bremsversuch mit Seilscheibe

wenn d' der wirksame Seilscheibendurchmesser und n die Drehzahl bedeuten. Die Umfangskraft P wirkt der Reibungskraft des Seiles entgegen, und für die Gleichgewichtslage muß dann die Beziehung

$$P = P_1 - P_2 \tag{84}$$

gelten, worin P_1 die am Seil hängende Last und P_2 die an der Aufhängung des Seiles wirkende Kraft, beide in kg, darstellen (Bild 50).

Schaltung wie beim Bremsverfahren mit dem *Prony*schen Zaum (Bild 49).

Beschreibung des Versuchs

Auf die Welle des Motors wird eine Seilscheibe aufgesetzt und der Motor angelassen. Der Seilscheibendurchmesser d ist zu messen und die Seilstärke δ hinzuzurechnen. Man erhält d' zu

$$d' = d + \delta. \tag{85}$$

Durch Anhängen von Gewichten an das Seil werden verschiedene Belastungen eingestellt; dabei ist die an der Seilaufhängung wirkende Kraft P_2 mittels Dynamometers (oder Gewichten) zu messen. Spannung, Strom, Drehzahl und mechanische Kräfte sind für jeden Belastungsstrom zu messen und daraus der Wirkungsgrad zu ermitteln. Die ermittelten Größen sind entweder in Abhängigkeit von der abgegebenen Leistung oder in Abhängigkeit vom Drehmoment darzustellen (Bild 48).

III. Messungen am Transformator

1. Leerlaufsversuch

Erklärung

Leerlaufverluste entstehen in einem Transformator, wenn seine Primärwicklung an die Wechselspannungsquelle angeschlossen wird, während seine Sekundärwicklung unbelastet (offen) bleibt.

$$N_{1o} = f(U_1), \quad f = \text{const},$$
$$N_2 = O, \quad I_{1o} = f(U_1).$$

Unter Übersetzungsverhältnis eines Transformators versteht man das Verhältnis der Spannungen der beiden Wicklungen des Transformators bei Leerlauf:

$$ü = \frac{U_{1o}}{U_{2o}}. \tag{86}$$

Schaltung Bild 51 und 52.

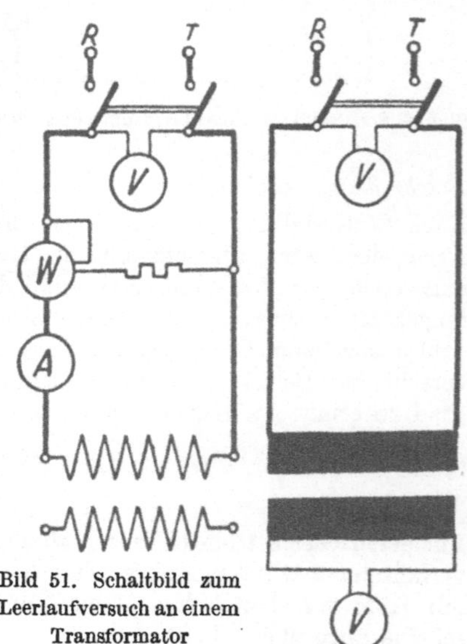

Bild 51. Schaltbild zum Leerlaufversuch an einem Transformator

Bild 52. Schaltbild zur Messung des Übersetzungsverhältnisses eines Transformators

Beschreibung des Versuchs

Der Transformator wird mit seiner Primärwicklung an die Stromquelle angeschlossen. Spannung, Strom und Leistung werden gemessen. Die angelegte Spannung wird verändert und so die jeweils zugehörigen Leerlaufsverluste am Leistungsmesser abgelesen. Dann wird an die Sekundärwicklung ebenfalls ein Spannungsmesser angeschlossen und durch das Ablesen der beiden Spannungsmesser das Übersetzungsverhältnis bestimmt. Da der Leerlaufstrom sehr klein ist, können die durch diesen Strom in der Primärwicklung verursachten Stromwärmeverluste vernachlässigt werden. Man kann daher annehmen, daß die gesamten Leerlaufsverluste V_0 zur Deckung der Eisenverluste V_e des Transformators dienen ($V_0 = V_e$). Die abgelesenen Werte sind zeichnerisch darzustellen (Bild 53).

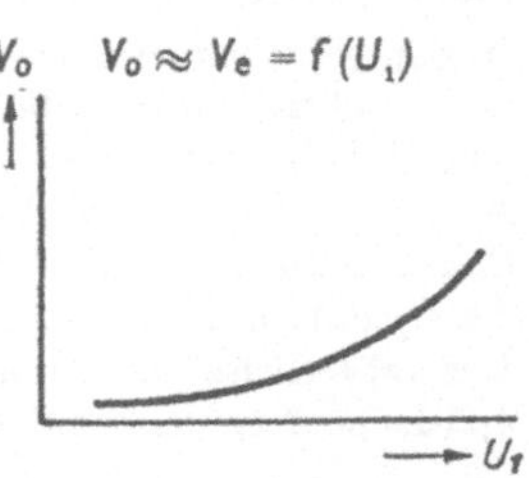

Bild 53. Leerlaufsverluste eines Transformators in Abhängigkeit von der Oberspannung

2. Kurzschlußversuch

Erklärung

Unter Kurzschlußversuch versteht man die Messung der Ströme I_{k1} und der zugeführten Leistung N_{k1} in Abhängigkeit von der Oberspannung bei kurzgeschlossener Unterspannungswicklung.

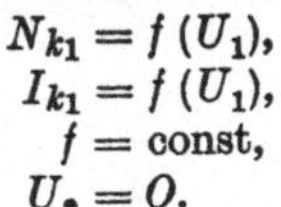

$$N_{k1} = f(U_1),$$
$$I_{k1} = f(U_1),$$
$$f = \text{const},$$
$$U_2 = O.$$

Schaltung Bild 54.

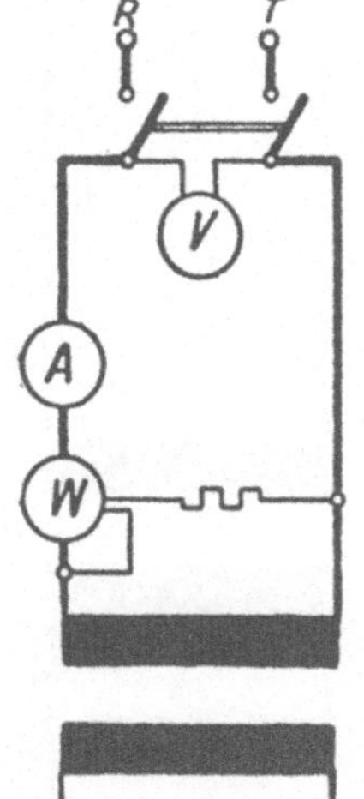

Bild 54. Schaltbild für den Kurzschlußversuch an einem Transformator

Da beim Kurzschlußversuch die angelegte Spannung im Verhältnis zur Nennspannung klein ist, sind auch die Eisenverluste verhältnismäßig klein. Mit großer Annäherung stellt daher die Kurzschlußleistung die Stromwärmeverluste V_w des Transformators dar ($N_{k1} = V_w$).

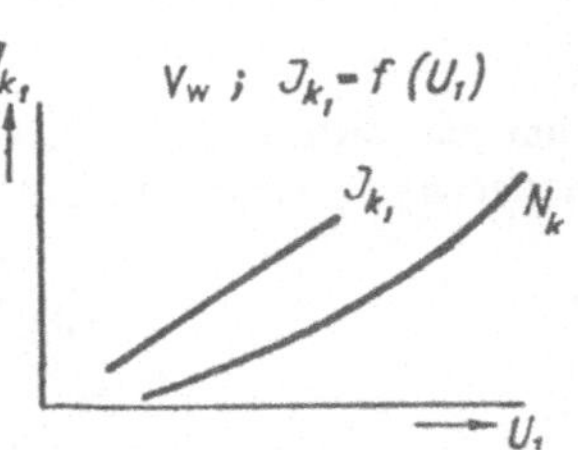

Bild 55. Kurzschlußstrom und -leistung in Abhängigkeit von der Oberspannung bei einem Transformator

Beschreibung des Versuchs

Nachdem die Unterspannungswicklung des Transformators kurzgeschlossen ist, wird der Transformator oberspannungsseitig an die Stromquelle angeschlossen, wobei die Spannung dieser Stromquelle klein zu halten ist, damit der Kurzschlußstrom keine unzulässig hohen Werte annimmt. Die Spannung U_1 der Stromquelle wird verändert, die jeweils zugehörigen Werte von Strom und Leistung werden abgelesen. Die erhaltenen Werte sind zeichnerisch darzustellen (Bild 55).

3. Gesamtverluste

Die Verluste V eines Transformators sind die Summe der Leerlaufverluste V_e und der Vollast-Stromwärmeverluste (Wicklungsverluste) V_w. Man trägt sie und ihre Summe in Abhängigkeit von der zugeführten Scheinleistung N_s auf.

In den gemessenen Leerlaufsverlusten sind außer den Eisenverlusten die Verluste im Dielektrikum und die Stromwärmeverluste des Leerlaufstromes enthalten. In den Wicklungsverlusten sind auch etwaige zusätzliche Verluste durch Wirbelströme enthalten. Die Gesamtverluste im Transformator bei einer bestimmten Scheinleistung ($U_2 I_2$) ergeben sich daher aus der Summe der Leerlaufsverluste bei der Spannung U_1 und der Stromwärmeverluste bei dem Strom I_1. Die ermittelten Gesamtverluste sind in Abhängigkeit von der Scheinleistung $N_s = U_2 I_2$ (0 bis 1,25fache Nennleistung) zeichnerisch darzustellen (Bild 56).

Man erhält die Gesamtverluste V zu

$$V = V_e + V_w = f(N_s); \tag{87}$$

für $U_1 = \text{const}$ ist $V_e = \text{const}$ und $V_w = f(I_1)$.

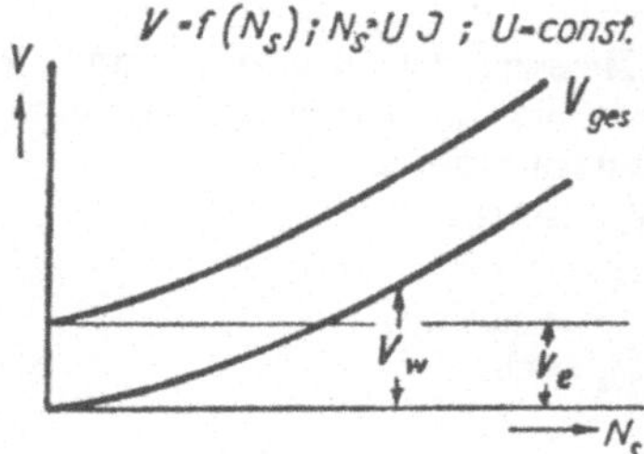

Bild 56. Eisen- und Stromwärmeverluste in Abhängigkeit von der Scheinleistung eines Transformators. Während die Eisenverluste V_e konstant bleiben, steigen die Stromwärmeverluste V_w quadratisch mit der abgegebenen Scheinleistung

4. Bestimmung der Gesamtverluste des Transformators durch Messen von Aufnahme und Abgabe

Erklärung

Die abgegebene Leistung ist um die Verluste im Transformator kleiner als die aufgenommene Leistung. Es gilt daher die Beziehung

$$N_a = N_z - V. \tag{88}$$

Schaltung Bild 57.

Beschreibung des Versuchs

Die Primärwicklung des Transformators wird an ein Wechselstromnetz konstanter Spannung und Frequenz angeschlossen, seine Sekundärwicklung wird mit Wider-

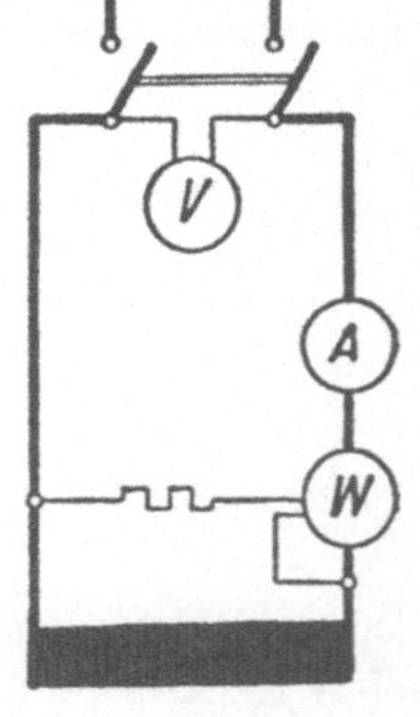

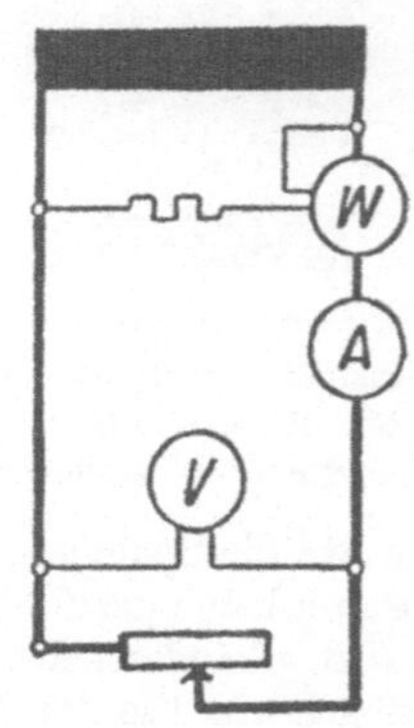

Bild 57. Schaltbild für den Belastungsversuch an einem Transformator

stand beliebiger Induktivität belastet. Durch Messen der zusammengehörigen Werte von Leistung, Spannung und Strom ober- und unterspannungsseitig bei verschiedenen Belastungen werden zugeführte und abgegebene Wirk- und Scheinleistung ermittelt, wobei sich die zugeführte Scheinleistung N_s ergibt als

$$N_s = U_1 I_1. \tag{89}$$

Die Verluste V erhält man aus der Differenz zwischen der zugeführten und abgegebenen Wirkleistung, also

$$V = N_1 - N_2. \tag{90}$$

Sie sind als Anteile der abgegebenen Scheinleistung N_s, also $\frac{V}{N_s}$ zu berechnen und in Abhängigkeit von dieser im Hundertstelsatz der Nennleistung aufzutragen (Bild 58). Der Verlauf der Verlustkurve erklärt sich nach Punkt 3. Da der Wirkungsgrad des Transformators sehr hoch ist, werden die nach Gleichung 90 berechneten Verlustwerte unsicher. Beim Transformator ist daher die Verlustbestimmung mittels Leerlauf- und Kurzschlußmessung genauer.

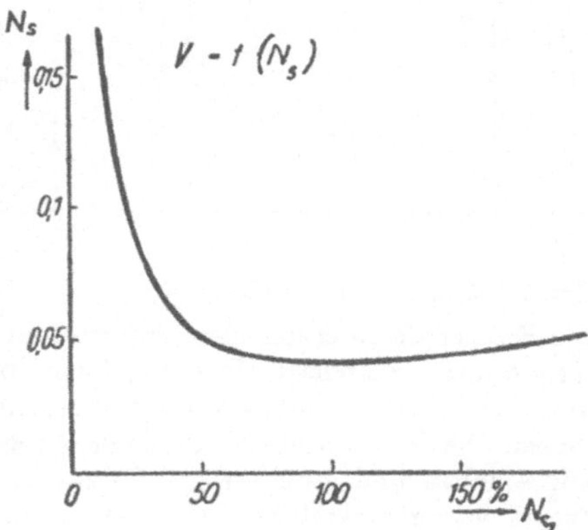

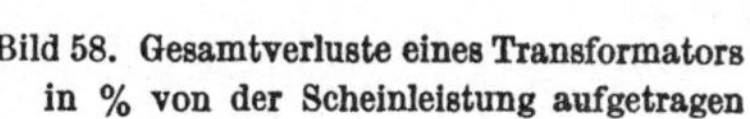

Bild 58. Gesamtverluste eines Transformators in % von der Scheinleistung aufgetragen

IV. Messungen an Synchronmaschinen

1. Leerlaufskennlinie der Synchronmaschine

Erklärung

Unter Leerlaufskennlinie einer Synchronmaschine versteht man die Beziehung zwischen der im Ständer induzierten Wechsel-EMK E und dem Erregerstrom I_e bei einer mit konstanter Drehzahl n (Frequenz f) leerlaufenden, d. h. unbelasteten Maschine. Sie gibt daher die folgende Beziehung an:

$$E = f(I_e);$$
$$I_a = 0;$$
$$f = k\,n = \text{const.}$$

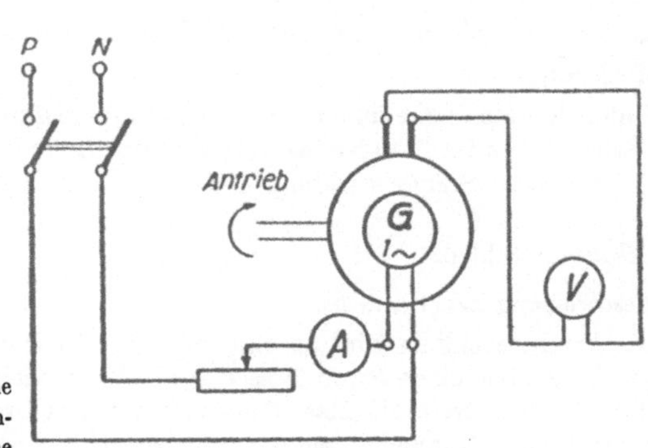

Bild 59. Schaltbild zur Aufnahme der Leerlaufskennlinie einer Einphasen-Synchronmaschine

(Anstatt der Drehzahl n wird stets die Frequenz f angegeben, da diese der ersteren proportional ist.)

$$f = \frac{p\,n}{60} = k\,n. \qquad (91)$$

Schaltung Bild 59 und 60.

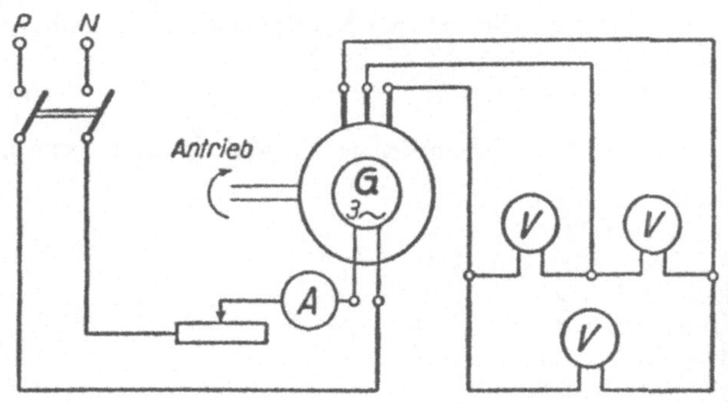

Bild 60. Schaltbild zur Aufnahme der Leerlaufskennlinie einer Dreiphasen-Synchronmaschine

Beschreibung des Versuchs

Die Erregerwicklung der Maschine wird an eine regelbare Gleichspannung gelegt. Ihre Anker- (Ständer-) Wicklung bleibt offen. Während des ganzen Versuches wird die Maschine mit konstanter Drehzahl angetrieben. Nach dem Anlassen wird der Erregerstrom eingeschaltet und stufenweise bis zur möglichen Erregungsgrenze verstärkt, dann wieder stufenweise verringert. Dabei mißt man zusammengehörige Werte von Erregerstrom und Ankerspannung. Bei Mehrphasenmaschinen mißt man die Spannungen sämtlicher Phasen und prüft damit auch die Wicklung auf Symmetrie und richtige Schaltung (Bild 60). Die beobachteten Werte sind zeichnerisch darzustellen (Bild 61).

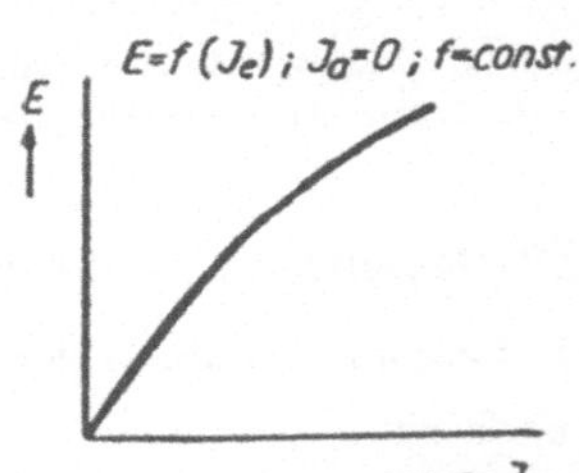

Bild 61. Leerlaufskennlinie einer Synchronmaschine

2. Kurzschlußkennlinie des Synchrongenerators

Erklärung

Unter Kurzschlußkennlinie der Synchronmaschine versteht man die Beziehung zwischen dem im Ständer fließenden Strom I_a und dem Erregerstrom I_e bei kurzgeschlossener Ständerwicklung und konstanter Drehzahl:

$$I_a = f\,(I_e); \quad f = \text{const.}$$

Schaltung Bild 62.

Beschreibung des Versuchs

Die Erregerwicklung wird an eine regelbare Gleichspannung gelegt, die Ständerwicklung über einen Strommesser von sehr kleinem Widerstand kurzgeschlossen (Bild 62). Man treibt die Maschine mit konstanter Drehzahl an, so daß die Frequenz konstant ist. Nunmehr steigert man den Erregerstrom I_e und mißt zugehörige

Werte von Erregerstrom und Ankerstrom. Die Steigerung wird fortgesetzt, bis der Ankerstrom die Nennstromstärke etwas überschreitet.
Bei Dreiphasenmaschinen sind die Strommesser so zu schalten, daß ihre Widerstände und die der Kurzschlußleitungen die Messung möglichst wenig beeinflussen. Bild 64 stellt die Messung bei Sternschaltung, Bild 65 bei Dreieckschaltung der Maschine dar. Man kann bei Dreieckschaltung auch nach Bild 66 die Phasenströme messen, doch müssen dann sowohl die Instrumentwiderstände unter sich als auch die Widerstände sämtlicher Verbindungsleitungen unter sich genau gleich sein. Die ermittelten Werte sind zeichnerisch darzustellen (Bild 63).

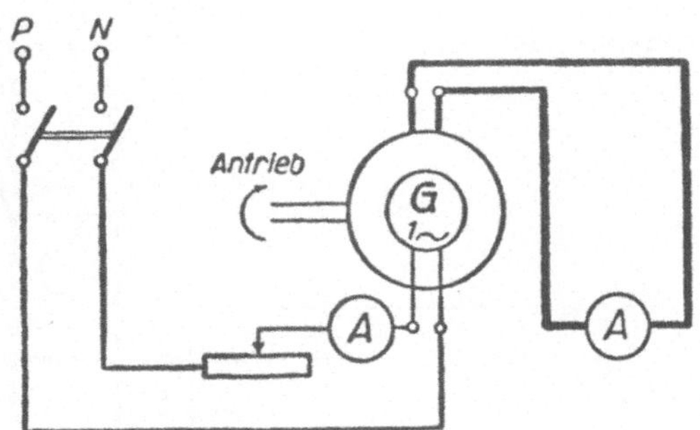

Bild 62. Schaltbild zur Kurzschlußmessung an einem Synchrongenerator

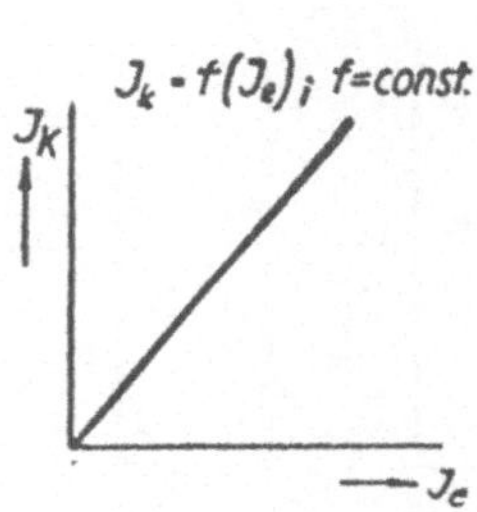

Bild 63. Kurzschlußkennlinie eines Synchrongenerators

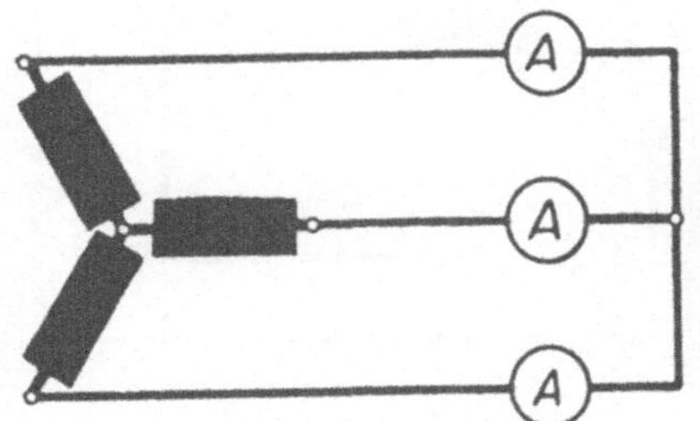

Bild 64. Kurzschlußmessung bei Sternschaltung

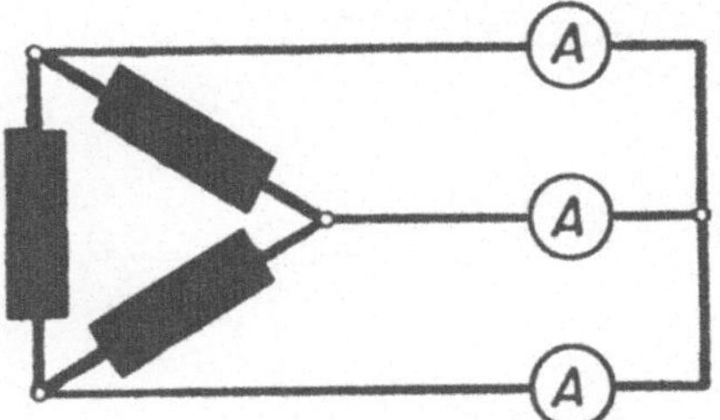

Bild 65. Kurzschlußmessung bei Dreieckschaltung (Messung der verketteten Ströme)

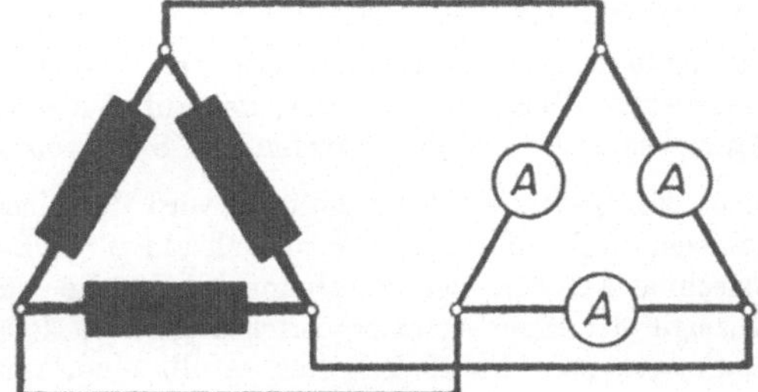

Bild 66. Messung der Phasenströme im Kurzschluß bei Dreieckschaltung

3. V-Kurven des Synchronmotors

Erklärung

Unter *V*-Kurven des Synchronmotors versteht man Kennlinien, welche die Abhängigkeit des Ständerstromes I_a vom Erregerstrom I_e darstellen, wenn die angelegte Klemmenspannung U, die Frequenz f und die abgegebene Leistung N_a konstant gehalten werden. Die Beziehung lautet:

$$I_a = f(I_e); \quad U = \text{const}; \quad f = \text{const};$$

$$N_a = N_m = \text{const}.$$

Schaltung Bild 67.

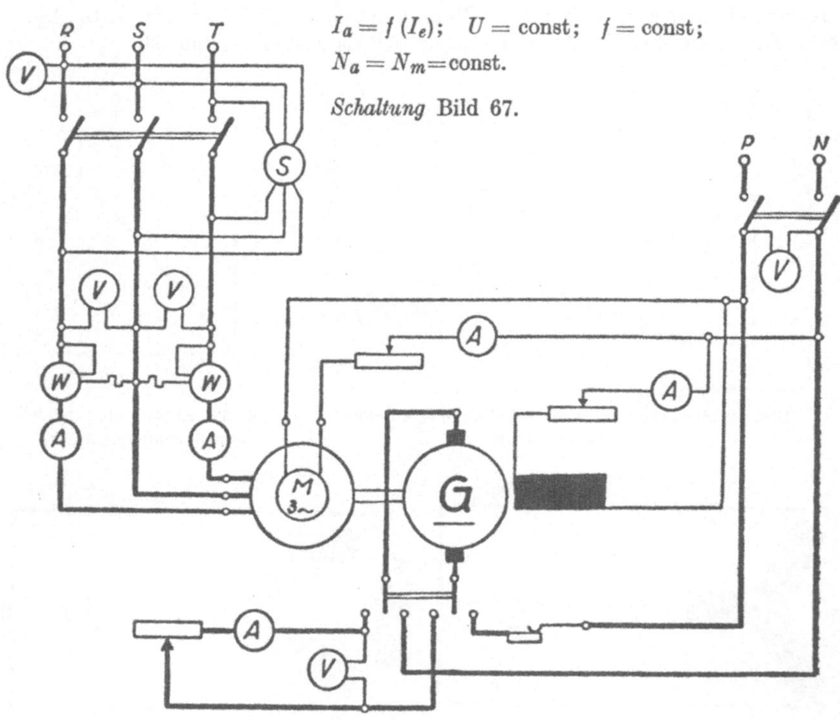

Bild 67. Schaltbild eines Synchronmotors gekuppelt mit einem fremderregten Gleichstromgenerator zur Aufnahme der *V*-Kurven

Beschreibung des Versuchs

Zur Aufnahme der *V*-Kurven wird der Synchronmotor beispielsweise mit einem Gleichstrom-Generator belastet, der auf Widerstände arbeitet und zunächst als Antriebsmaschine zum Anwerfen des Synchronmotors dient.

Nach Fertigstellung der Schaltung wird der Maschinensatz gleichstromseitig angelassen und auf die Synchrondrehzahl n gebracht. Dann wird die Synchronmaschine auf eine der Netzspannung gleiche EMK erregt. Nun wird nach der Anzeige der Synchronisiervorrichtung S so lange geregelt, bis sämtliche Bedingungen zum Parallelschalten erfüllt sind, und in diesem Augenblick eingeschaltet. Nun wird die Gleichstrommaschine so umgeschaltet, daß sie als Generator auf Belastungswiderstände arbeitet, wobei sie mit Hilfe der Belastungswiderstände auf den gewünschten konstanten Wert der abgegebenen Leistung eingestellt wird. Die Feineinstellung geschieht durch den Feldregler der Gleichstrommaschine. Durch Änderung des Erregerstromes der Synchronmaschine wird dann bei konstanter Belastung der Ständerstrom geändert und die jeweils zugehörigen Werte abgelesen. Die V-Kurven sind aufzunehmen:

1. für Leerlauf des Gleichstromgenerators,
2. für Halblast der Synchronmaschine,
3. für Vollast der Synchronmaschine.

Die ermittelten Werte sind zeichnerisch darzustellen (siehe Bild 68). Ferner ist der Leistungsfaktor ($\cos\varphi$) als Funktion des Erregerstromes darzustellen (Bild 69). Bei Dreiphasenmaschinen gilt die Beziehung:

$$\cos\varphi = \frac{N_z}{\sqrt{3}\, U\, I_a}. \tag{92}$$

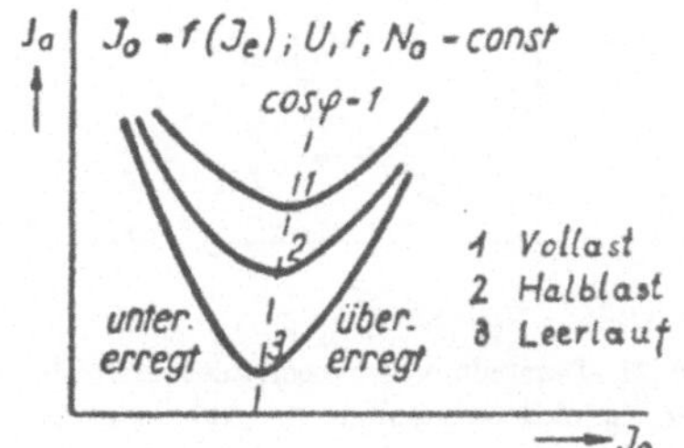

Bild 68. V-Kurven eines Synchronmotors

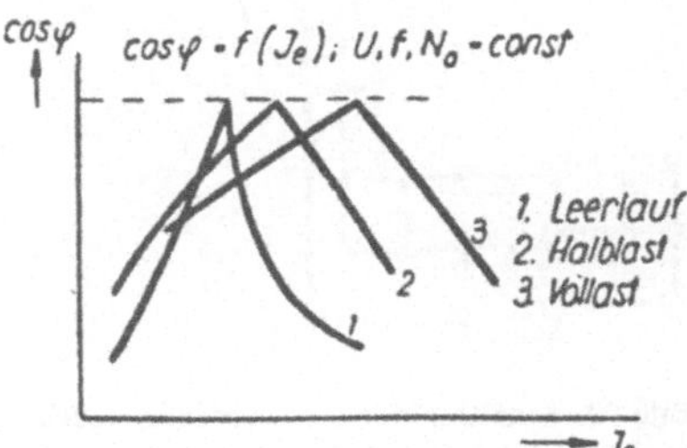

Bild 69. Leistungsfaktor eines Synchronmotors in Abhängigkeit von der Erregung

V. Messungen an asynchronen Induktionsmaschinen

1. Leerlaufversuch

Erklärung

Die Induktionsmaschine stellt einen Transformator mit veränderlicher sekundärer Frequenz dar. Der Leerlaufversuch wird nicht wie beim Transformator mit offener stillstehender Läuferwicklung ausgeführt, sondern mit kurzgeschlossenem Läufer, wobei man unter Umständen die Maschine auch synchron antreiben kann. Das Übersetzungsverhältnis kann (nur bei Schleifringläufern) im Stillstand bei offener Läuferwicklung wie beim Transformator ermittelt werden.

Unter Leerlaufskennlinie einer Induktionsmaschine versteht man die Beziehung zwischen der Ständerspannung und dem Leerlaufstrom bei konstanter Frequenz im Leerlauf. Dabei mißt man gleichzeitig die zugeführte Leistung N_{zo} und den

Leistungsfaktor $\cos \varphi_o$. Es gelten daher die Beziehungen:

$$I_o, N_{zo}, \cos \varphi_o = f(U_1), \quad f = \text{const.}$$

Schaltung Bild 70.

Beschreibung des Versuchs

Nach Fertigstellung der Schaltung wird der Motor angelassen. Dann wird die angelegte Netzspannung verändert und die jeweils zugehörigen Werte des Stromes und der zugeführten Leistung abgelesen. Die ermittelten Werte sind zeichnerisch darzustellen (Bild 71).

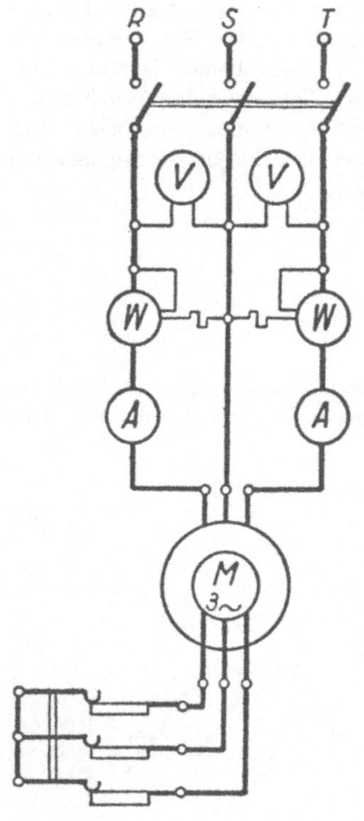

Bild 70. Schaltbild für den Leerlaufsversuch an einer Induktionsmaschine

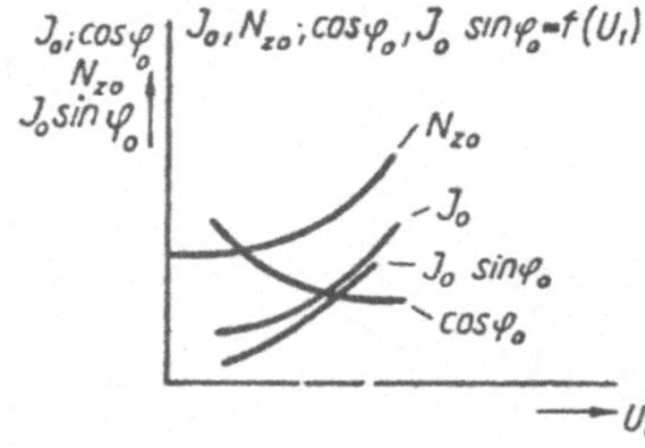

Bild 71. Darstellung der Leerlaufskennlinien einer Induktionsmaschine in Abhängigkeit von der Spannung

Außerdem ist der $\cos \varphi_o$ aus den Ablesungen entsprechend der Beziehung

$$\cos \varphi_o = \frac{N_{zo}}{\sqrt{3}\, U_1 I_o} \tag{93}$$

zu ermitteln. Ferner zerlegt man den Strom I_0, der um den Winkel φ_0 der Spannung nacheilt, in die Komponenten $I_o \sin \varphi_o$ und $I_o \cos \varphi_o$. Die erstere Komponente dient zur Magnetisierung der Maschine (Blindkomponente), die letztere zur Deckung der bei Leerlauf auftretenden Verluste (Wirkkomponente). Der Leistungsfaktor $\cos \varphi_o$ und die Blindstromkomponente sind ebenfalls zeichnerisch darzustellen (Bild 71).

2. Kurzschlußversuch

Erklärung

Unter Kurzschlußversuch versteht man bei der Induktionsmaschine genau wie beim Transformator die Messung des Ständerstromes und der zugeführten Leistung bei festgebremstem und kurzgeschlossenem Läufer.

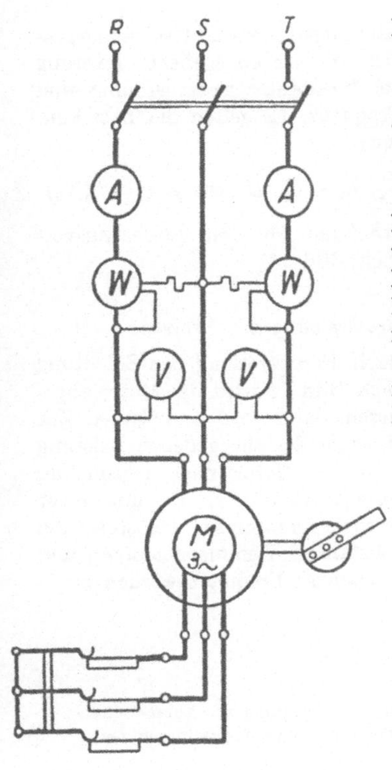

Bild 72. Schaltbild zum Kurzschlußversuch an einer Induktionsmaschine

Es gelten die Beziehungen:

$$I_{k1},\ N_{zk}\ \cos\varphi_k = f\,(U_1); \quad f = \text{cosnt.}$$

Schaltung Bild 72.

Beschreibung des Versuchs

Der Läufer der Maschine wird festgebremst und kurzgeschlossen, sodann die Ständerwicklung an Spannung gelegt. Um nicht unzulässig hohe Ströme zu bekommen, ist die Spannung für den Kurzschlußversuch klein zu wählen (etwa $^1/_{10}$ Nennspannung). Die angelegte Spannung wird verändert und die jeweils zugehörigen Werte des Stromes, der Leistung und

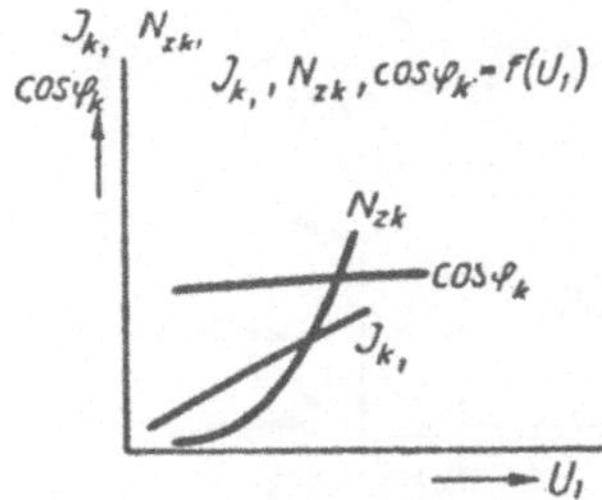

Bild 73. Darstellung der Kurzschlußkennlinien in Abhängigkeit von der Spannung bei einer Induktionsmaschine

der Spannung abgelesen. Um sichere Mittelwerte der Ablesung zu erhalten, wird bei konstant gehaltener Spannung der (festgebremste) Läufer (mit der Bremse) etwas hin und her gedreht. Der Leistungsfaktor ist aus der Beziehung

$$\cos\varphi_k = \frac{N_{zk}}{\sqrt{3}\ U_1\ I_{k1}} \tag{94}$$

zu ermitteln. Sämtliche ermittelten Werte sind zeichnerisch darzustellen (Bild 73).

3. Arbeitskurven des Induktionsmotors

Erklärung

Die Arbeitskurven eines Induktionsmotors kennzeichnen die Abhängigkeit seiner zugeführten Leistung, Drehzahl, Schlüpfung, seines Stromes, Drehmoments,

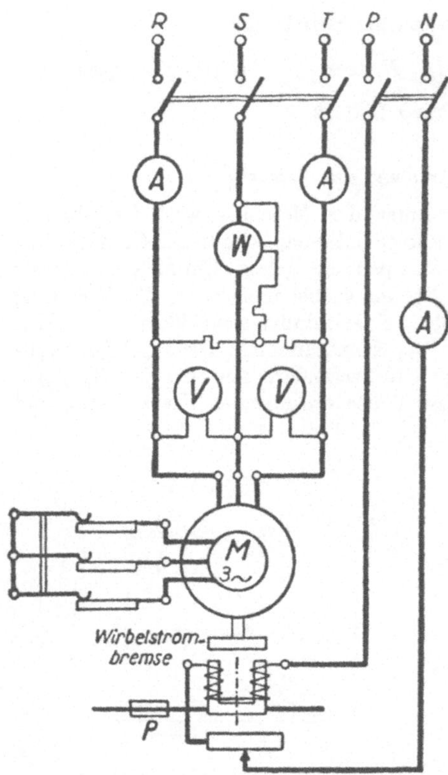

Bild 74. Schaltung zur Abbremsung (Belastung) eines Induktionsmotors

Leistungsfaktors und Wirkungsgrades von der abgegebenen Leistung bei konstanter Netzspannung und Frequenz. Es gelten die Beziehungen:

$$N_z,\ n,\ s,\ I_1,\ M,\ \cos\varphi,\ \eta = f\,(N_a).$$

Schaltung für den Belastungsversuch Bild 74.

Beschreibung des Versuchs

Nach Fertigstellung der Schaltung nach Bild 74 wird der Motor angelassen, dann wird er belastet. Zur Messung der abgegebenen Leistung wird der Motor nach irgendeiner Bremsmethode, z. B. mit einer Wirbelstrombremse, belastet. Bei konstanter Klemmenspannung und konstanter Frequenz werden zugeführte Leistung, Drehzahl, Schlüpfung, Strom und Drehmoment gemessen. Die Schlüpfung des Motors könnte aus der Synchrondrehzahl und den abgelesenen Drehzahlen n nach Gleichung (51) ermittelt werden. Da jedoch dieses Verfahren im allgemeinen ungenau ist, wird die Schlüpfung nach einem anderen Verfahren (mittels Magnetnadel, Galvanometer oder nach einem stroboskopischen Verfahren) ermittelt. Die ermittelten Werte sind zeichnerisch in Abhängigkeit von der Leistung darzustellen (Bild 75).

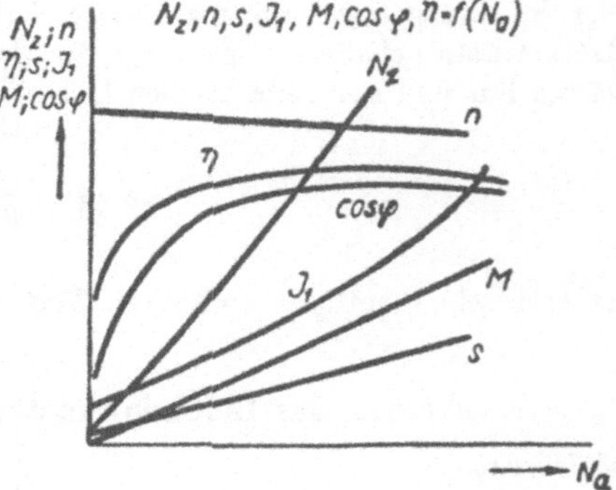

Bild 75. Arbeitskurven eines Induktionsmotors in Abhängigkeit von der abgebremsten Leistung

4. Stroboskopische Schlupfmessung nach Peuckert

Legt man eine Kohlefaden-Glühlampe an dasselbe Netz wie die zu untersuchende Maschine und bringt sie in ein magnetisches Feld, so schwingen ihre Glühfäden mit der Netzfrequenz. Beobachtet man diese Lampe durch eine mit dem Läufer der Maschine umlaufende Scheibe, die einen schmalen Schlitz trägt, so sieht man durch diesen Schlitz, der infolge der Schlüpfung gegenüber den Schwingungen der Lampe seine relative Lage ändert, die scheinbar mit der Schlupffrequenz schwingenden Fäden der Lampe. Aus der Schwingungsdauer dieser scheinbaren Schwingungen kann man die Schlüpfung ermitteln. Man mißt zu diesem Zweck die Zeit t in Sekunden, die für τ volle Schwingungen benötigt wird, dann ist die Differenzdrehzahl, das heißt der Unterschied zwischen der Umlaufdrehzahl des Drehfeldes und der des Läufers je Minute:

$$n_1 - n = \frac{60\,\tau}{p\,t}. \tag{95}$$

p ist die Polpaarzahl. Damit ergibt sich der Schlupf zu

$$s\,\% = \frac{n_1 - n}{n_1}\,100 = \frac{6000\,\tau}{p\,t\,n_1}, \tag{96}$$

wenn n_1 die Umlaufzahl des Drehfeldes bedeutet.

VI. Messungen am Quecksilberdampf-Gleichrichter

1. Messung von Aufnahme und Abgabe

Erklärung

Unter Aufnahme eines Quecksilberdampf-Gleichrichters wird die wechselstromseitig zugeführte Leistung N_z verstanden. Hat ferner die Spannung zwischen den Zuleitungen den Effektivwert U und der Strom den Effektivwert I, so definiert man (VDE 0555) als Leistungsfaktor eine Größe, die mit λ bezeichnet werden soll, durch den Ausdruck

$$\lambda = \frac{N_z}{U I}. \tag{97}$$

Aus Wirkleistung N_z und Blindleistung N_b ergibt sich der Verschiebungsfaktor $\cos\varphi$:

$$\cos\varphi = \frac{N_z}{\sqrt{N_z^2 + N_b^2}}. \tag{98}$$

Aus den beiden Werten zusammen findet man den Verzerrungsfaktor ν:

$$\nu = \frac{\lambda}{\cos\varphi}. \tag{99}$$

Dabei sei die Leistungsaufnahme des Erregerkreises vernachlässigt. Unter Abgabe versteht man die auf der Gleichstromseite, d. h. zwischen Kathode und dem Nullpunkt der sekundären Transformatorseite abgegebene Leistung.

Unter Wirkungsgrad η des Gleichrichters versteht man das Verhältnis von Abgabe N_a zur Aufnahme N_z:

$$\eta = \frac{N_a}{N_z} = 1 - \frac{N_z - N_a}{N_z}. \tag{100}$$

Um die Leistung N_z und N_a richtig messen zu können, wird zwischen die beiden Anoden A_1 und A_2 die Spannungsspule eines Leistungsmessers geschaltet, dessen Stromspule in der Anodenleitung von A_1 oder A_2 liegt. Ebenso wird ein Leistungsmesser in den Gleichstromkreis so geschaltet, daß die Spannungsspule parallel zur Gleichstromlast liegt, während die Stromspule vom Gleichstrom (Wellenstrom) durchflossen wird.

Schaltung Bild 76.

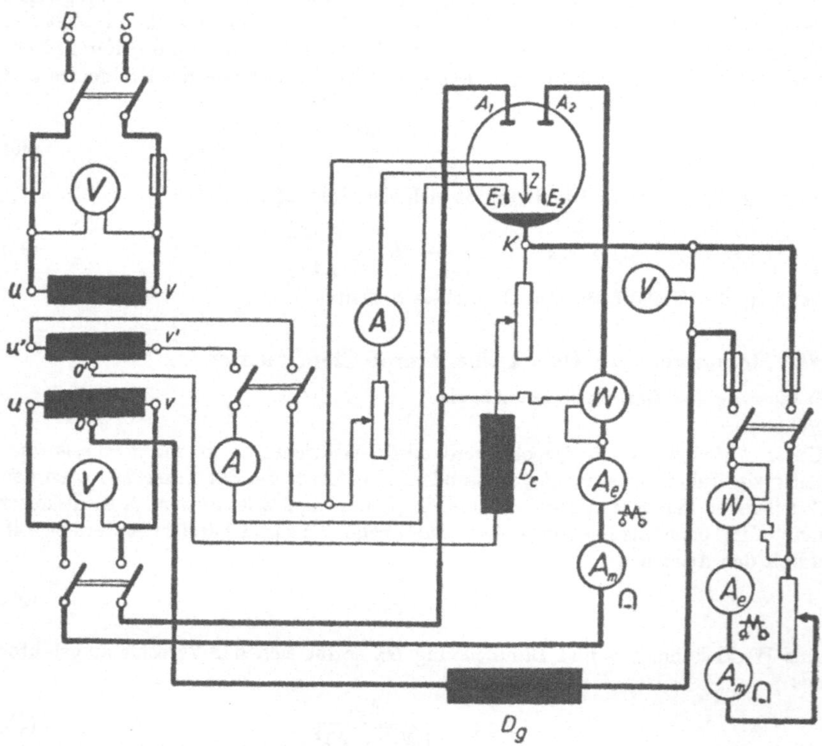

Bild 76. Schaltbild für die Wirkungsgradmessung an einem einphasigen Quecksilberdampf-Gleichrichter in Doppelwegschaltung mit Erregeranoden und Zündanode

Um den Unterschied zwischen Effektivwert und arithmetischem Mittelwert des Anodenstromes und des Gleichstromes zu ermitteln, ist in jeden dieser Zweige ein Strommeßgerät für arithmetischen Mittelwert (A_m) und eines für Effektivwert (A_{eff}) eingeschaltet.

Beschreibung des Versuchs

Nach Fertigstellung der Schaltung wird der Gleichrichter in Betrieb gesetzt. Das geschieht in der folgenden Weise:

Durch Kippen des Glasgefäßes wird ein Lichtbogen von der Zündanode nach der Kathode gezogen. Die Betriebsfertigkeit des Gleichrichters erkennt man am Auftreten des wandernden Kathodenflecks.

Nunmehr wird der Gleichrichter belastet und Aufnahme und Abgabe gemessen. Die Messungen sind bei konstanter Wechselspannung durchzuführen, und es ist der Wirkungsgrad und der Ausnutzungsfaktor der Wechselstromseite in Abhängigkeit von der Abgabe zeichnerisch darzustellen (Bild 77).

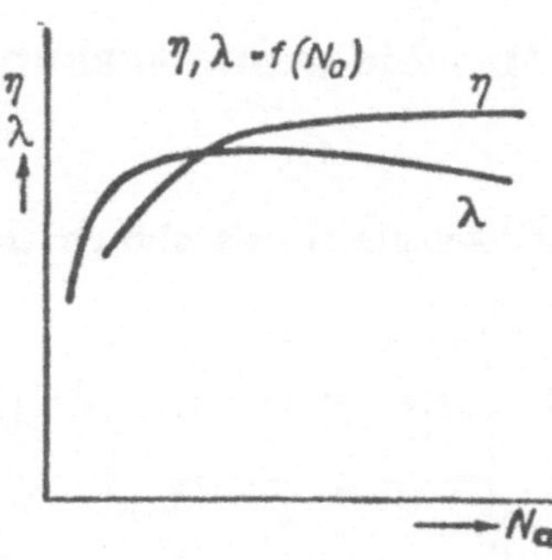

Bild 77. Leistungsfaktor und Wirkungsgrad eines Quecksilberdampf-Gleichrichters in Abhängigkeit von der Belastung

2. Aufnahme der statischen Lichtbogenkennlinie

Erklärung

Unter der statischen Lichtbogenkennlinie versteht man die Abhängigkeit des arithmetischen Mittelwertes des im Vakuumgefäß vorhandenen Spannungsabfalls (Lichtbogenspannung) U_L von dem quadratischen Mittelwert (Effektivwert) $I_{g\,\mathrm{eff}}$ des Gleichstromes:

$$U_L = f\,(I_{g\,\mathrm{eff}})\,. \qquad (101)$$

Beschreibung des Versuchs

Zur Messung der statischen Lichtbogenkennlinie legt man die Spannungsspule eines Leistungsmessers zwischen die Kathode und eine Anode, die Stromspule sowie einen Drehspulstrommesser (Mittelwert) in die betreffende Anodenleitung. Der Effektivwert $I_{g\,\mathrm{eff}}$ des Gleichstromes wird gleichzeitig mittels eines dynamometrischen oder Hitzdraht- oder Weicheiseninstrumentes gemessen oder ist nach folgender Tafel zu errechnen:

Phasenzahl ...	1	3	6
Mittelwert ...	0,64	0,83	0,95
Effektivwert .	0,71	0,84	0,95

Ist die am Leistungsmesser abgelesene Leistung N_L der arithmetische Mittelwert des Anodenstromes I_{a_m}, so ergibt sich die Lichtbogenspannung angenähert zu

$$U_L = \frac{N_L}{I_{a_m}}\,. \qquad (102)$$

Die ermittelten Werte der Lichtbogenspannung U_L sind in Abhängigkeit vom Belastungsgleichstrom $I_{g\,\mathrm{eff}}$ darzustellen (Bild 78).

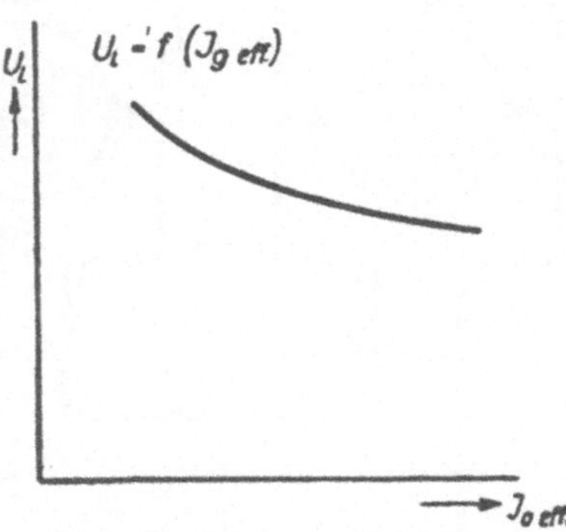

Bild 78. Statische Lichtbogenkennlinie eines Quecksilberdampf-Gleichrichters

FÜNFTER TEIL

Maschinenuntersuchungen für Fortgeschrittene

I. Ausgleichsmaschinen und Gleichstrom-Dreileiterschaltung

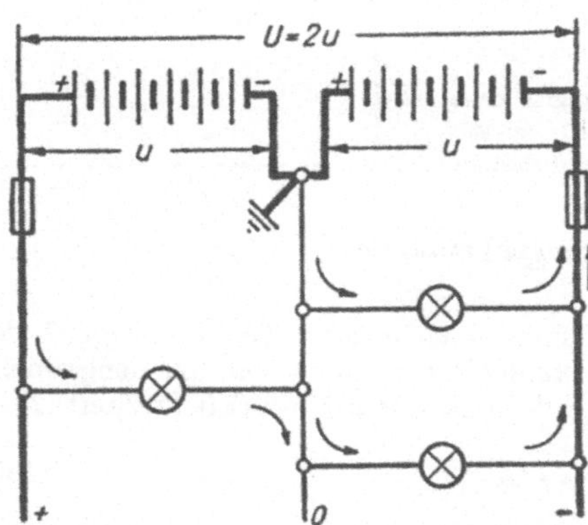

Bild 79. Dreileiternetz mit geerdetem Nulleiter und Spannungsteilung mittels Batterie

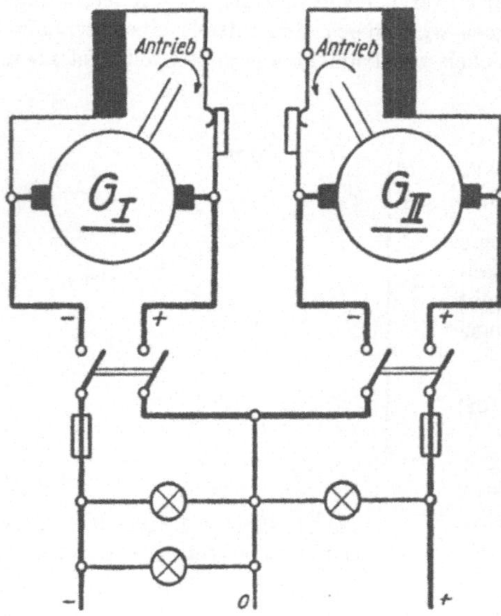

Die Dreileiterschaltung ist eine Reihenschaltung zweier Gleichstromnetze in der Weise, daß sie einen gemeinsamen Leiter (Mittelleiter) erhalten, in dem die Ströme für beide Gleichstromnetze entgegengesetzt fließen. Es entsteht somit ein Gleichstromnetz mit zwei Außenleitern und einem Mittelleiter, wobei die Spannung zwischen den beiden Außenleitern doppelt so groß ist wie die zwischen einem Außenleiter und dem Mittelleiter. Die Spannungsquelle für das Dreileiternetz muß sowohl mit den beiden Außenleitern, als auch mit dem Mittelleiter so verbunden sein, daß der Mittelleiter die Spannung zwischen den Außenleitern hälftet. Ist der Mittelleiter von der Spannungsquelle abgetrennt, so besteht kein Dreileiternetz mehr, die Aufteilung der Spannung durch den Mittelleiter ist dann nur von der Belastungsverteilung zwischen dem Mittelleiter und den beiden Außenleitern abhängig; die Seite mit der größeren Belastung erhält die geringere Spannung. Aus diesem Grunde darf der Mittelleiter niemals abgesichert werden. Gewöhnlich wird der Mittelleiter geerdet, so daß die Spannung der Außenleiter gegen Erde = ± der

Bild 80. Spannungsteilung im Dreileiternetz durch Reihenschaltung der Stromerzeuger

halben Spannung zwischen beiden Außenleitern ist. Sind beide Netzhälften gleich belastet, so ist der Mittelleiter stromlos. Überwiegt die Belastung einer Netzhälfte, so fließt durch den Mittelleiter ein Ausgleichsstrom gleich der Differenz der Ströme der beiden Netzhälften (Bild 79).

Die einfachste Art der Gleichhaltung der Spannung in den beiden Netzhälften ist die Gleichstromerzeugung mittels zweier in Reihe geschalteter Gleichstromerzeuger (Bild 80). Gleichstromnetze werden meist aus Drehstromnetzen über Umformer oder Gleichrichter gespeist. In diesem Falle ist eine Reihenschaltung zweier Umformer oder Gleichrichter nach Bild 80 ebenfalls möglich, wird aber verhältnismäßig selten angewendet.

Meist hilft man sich durch die Verwendung von Ausgleichsmaschinen. Das sind zwei starr gekuppelte fremderregte Gleichstrommaschinen, deren Anker in Reihe geschaltet an den beiden Außenleitern liegen, während der Verbindungspunkt zwischen ihnen an den Mittelleiter angeschlossen ist. Die Erregerwicklungen der beiden Maschinen werden ebenfalls in Reihe geschaltet und über Kreuz an die Außenleiter angeschlossen; der Verbindungspunkt der beiden Erregerwicklungen liegt am Mittelleiter. In Bild 81 ist die Schaltung schematisch dargestellt.

Sind die Ausgleichsmaschinen in der beschriebenen Weise mit dem Mittelleiter und den beiden Außenleitern verbunden, so liegen bei symmetrischer Belastung der beiden Netzhälften für beide Maschinen die gleichen Bedingungen vor. Beide Maschinen laufen leer als Nebenschlußmotoren. Überwiegt in einer Netzhälfte die Belastung, so teilt sich der Ausgleichsstrom an den Ausgleichsmaschinen dergestalt, daß er je zur Hälfte durch eine Maschine fließen würde, wenn die Wirkungsgrade der Maschinen 100% wären. Damit wird die Maschine, deren Anker an der stark belasteten Netzhälfte liegt, zum Generator, während die andere zum Motor wird, was noch dadurch unterstützt wird, daß die Erregung der ersten Maschine verstärkt, die der zweiten geschwächt wird. Der Motor muß die Verluste beider Maschinen decken; über die Ausgleichsströme überlagert sich also der zur Deckung dieser Verluste dienende Motorstrom. Im Motor fließt als resultierender Strom die Summe der beiden Ströme, im Generator ihre Differenz. Das zweipolige Erzeugernetz muß natürlich sowohl den Verbrauch des Dreileiternetzes als auch die Verluste in den beiden Ausgleichsmaschinen decken. Trotzdem ergibt sich in weiten Belastungsgrenzen eine Konstanthaltung der Spannung der beiden Netzhälften im Dreileiternetz.

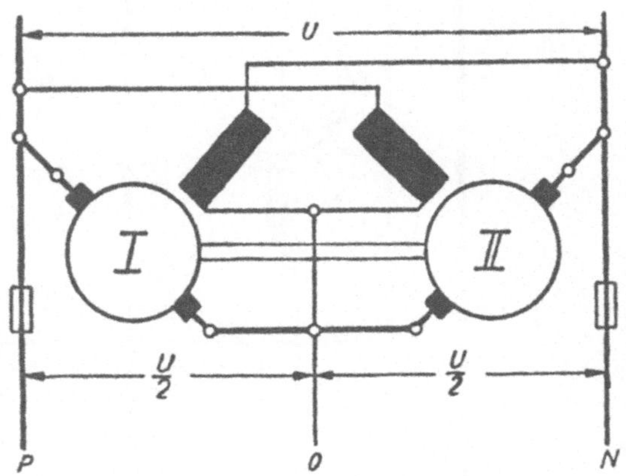

Bild 81. Spannungsteilung mit Ausgleichsmaschinensatz

1. Messungen an einem Gleichstrom-Dreileitersystem mit Ausgleichsmaschinen

Um die Wirkungsweise der Ausgleichsmaschinen festzustellen, wird das System erst bei abgetrenntem Mittelleiter, dann als Dreileitersystem mit Ausgleichsmaschinen symmetrisch und unsymmetrisch belastet.

Schaltung Bild 82.

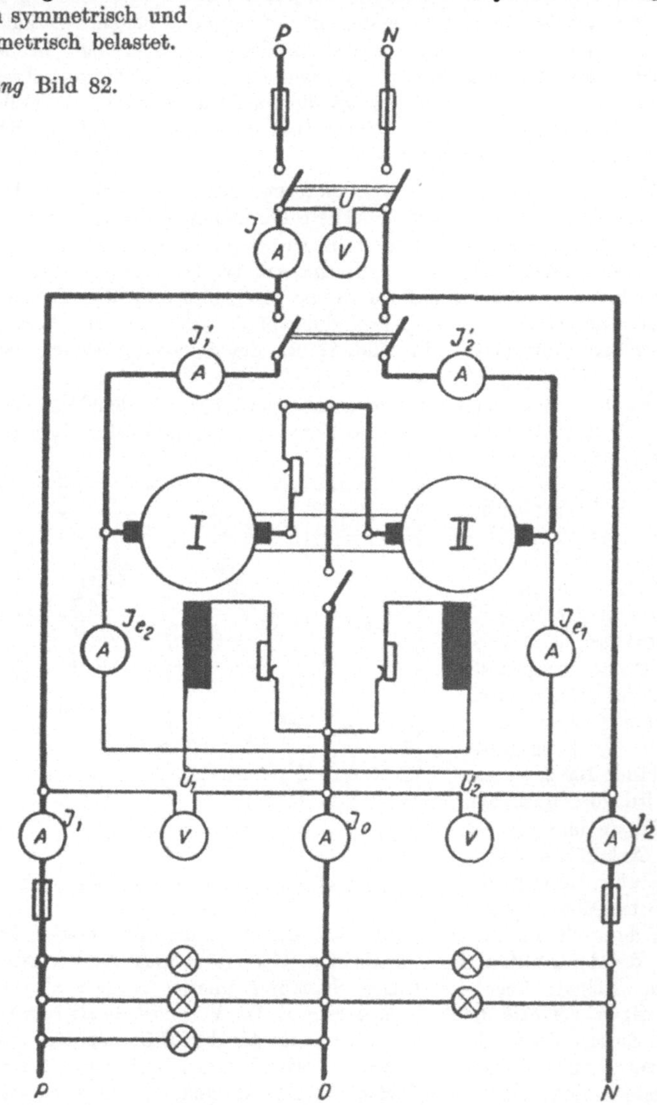

Bild 82. Schaltbild, für die Untersuchung eines Dreileitersystems mit Spannungsteilung durch einen Ausgleichsmaschinensatz

Beschreibung des Versuchs

An ein Gleichstromnetz konstanter Spannung wird ein mit einem Ausgleichsmaschinensatz gekuppeltes Dreileiternetz angeschlossen. Zuerst möge der Ausgleichsmaschinensatz abgetrennt sein, so daß der Mittelleiter frei ist. Die beiden Netzhälften werden mit gleichen Lasten belastet. Dann wird von der einen Netzhälfte stufenweise Last weggenommen. Dabei sind die Spannungen U_1, U_2 und Ströme $I_1 = I_2 = I$ der beiden Netzhälften zu messen. Die Spannungen sind in Abhängigkeit vom Belastungsstrom des Netzes in Kurvenform darzustellen (Bild 83).

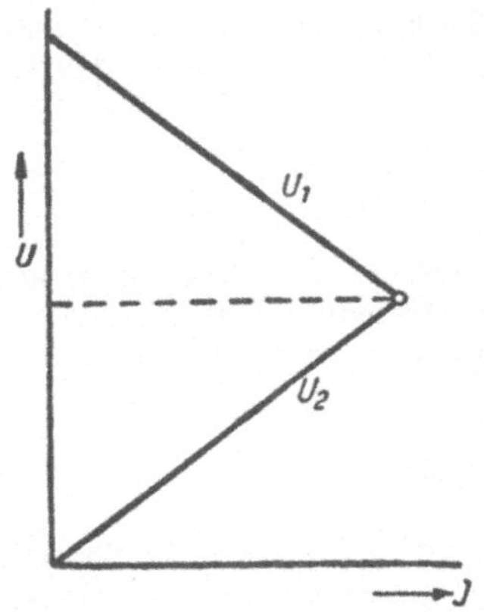

Bild 83. Spannungen der beiden Netzhälften bei unsymmetrischer Belastung eines durch Abtrennen des Nulleiters gestörten Dreileitersystems in Abhängigkeit vom Belastungsstrom

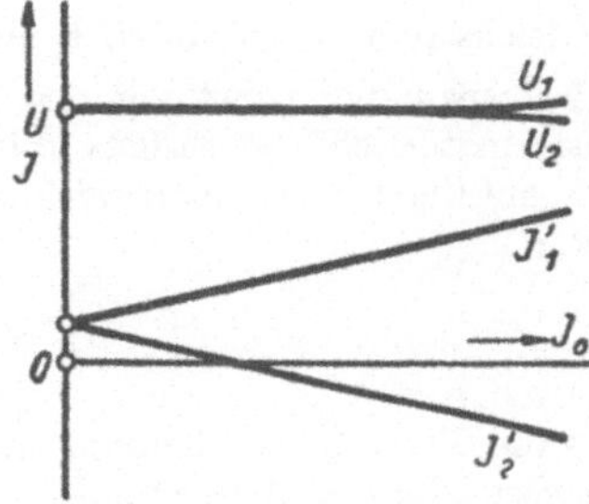

Bild 84. Spannungen und Maschinenströme in Abhängigkeit vom Mittelleiterstrom bei einem mittels Ausgleichsmaschinensatzes geregelten Dreileitersystem

Dann sind der Ausgleichsmaschinensatz anzuschließen, die Maschinen anzulassen und der Mittelleiter mit dem Mittelpunkt der Ausgleichsmaschine zu verbinden. Voriger Versuch wird wiederholt; in Abhängigkeit vom Ausgleichsstrom des Mittelleiters sind die Spannungen und Ströme der Netzhälften sowie die Ströme der Ausgleichsmaschinen (nach Größe und Richtung) in Kurvenform darzustellen (Bild 84).

II. Anlassen und Drehzahlregelung von Elektromotoren

Schaltet man einen stillstehenden Elektromotor unvermittelt an die volle Netzspannung, so nimmt der Motor einen viel größeren Strom auf als bei Nennlast, wobei er nicht unbedingt auch ein größeres Drehmoment entwickeln muß. Derartige Anlaßstromstöße verursachen Spannungsschwankungen im Netz und müssen daher auf einen zulässigen Wert begrenzt werden, der sich nach den Betriebsverhältnissen des Netzes richtet. Die öffentlichen Elektrizitätswerke haben fast überall normale Bedingungen für den Anschluß von Elektromotoren an ihre Netze aufgestellt, die von den Abnehmern eingehalten werden müssen.

Dreht sich der Läufer eines Motors im Magnetfelde, so entsteht in ihm eine EMK der Drehung, die der vom Netz aufgedrückten Spannung entgegenwirkt:

$$E = k_1 n \Phi. \tag{103}$$

Wenn die Läuferwicklung an der Stelle des Flußhöchstwertes von einem Strom I_a durchflossen wird, dessen Höchstwert gegen den Flußhöchstwert um den Phasenwinkel $90° - \varphi$ verschoben ist, so übt der Läufer an der Welle ein Drehmoment aus nach der Beziehung:

$$M = k_2 I_a \Phi \cos \varphi. \tag{104}$$

Die mechanisch an der Welle abgegebene Leistung ist das Produkt aus Drehmoment und Drehzahl; somit kann man sie nach Gleichung (88) und (89) je Phase oder Stromzweig darstellen als:

$$N_m = E I_a \cos \varphi. \tag{105}$$

Bei Gleichstrom ist φ natürlich null.

Die Netzspannung wirkt auf den Läufer entweder unmittelbar oder mittelbar (transformatorisch). Bei Stillstand ist die ihr entgegenwirkende EMK der Drehung null, somit fließt in der Läuferwicklung ein Strom nach dem allgemeinen Ohmschen Gesetz:

$$I_a = \frac{U}{\sqrt{R^2 + \omega^2 L^2}}. \tag{106}$$

Man kann diesen Strom dadurch verringern, daß man entweder die Netzspannung verringert oder den Widerstand im Läuferkreise (bei Wechselstrommotoren u. U. auch die Induktivität) vergrößert. Je größer bei demselben Fluß der Anlaufstrom, um so größer das Anlaßdrehmoment. Soll der Motor gegen ein Lastdrehmoment angelassen werden, so muß er ein Anlaßmoment entwickeln, das größer ist als das Lastmoment. Er wird mit einem Beschleunigungsdrehmoment gleich Anlaßdrehmoment weniger Lastdrehmoment beschleunigt. Soll der Motor leer anlaufen, so ist dazu nur ein geringes Anlaßmoment erforderlich. Die mit zunehmender Drehzahl anwachsende EMK der Drehung wirkt wie eine Vergrößerung des Läuferwiderstandes und verringert somit den Läuferstrom I_a und damit das Drehmoment M. Will man den Anlaßstrom konstant halten, so muß man den Läuferwiderstand mit zunehemender Drehzahl verringern.

Ist die Läuferwicklung mit Schleifringen oder einem Stromwender verbunden, so läßt man den Motor meist mittels Anlassers an. Man schaltet in den Ankerstromkreis einen in Stufen regelbaren Widerstand (Anlasser) ein, dessen einzelne Widerstandsstufen mit zunehmender Drehzahl des Motors kurzgeschlossen werden. Während der Anlaßzeit pflegt man den Anlaßstrom auf einem bestimmten mittleren Wert zu halten. Wollte man ihn konstant halten, so müßte man einen Regelwiderstand mit unendlich vielen Stufen haben. Regelt man mit weniger Stufen, dann wird der Strom entsprechend Bild 85 zwischen den Werten I_2 und I_1 um den mittleren Wert I_{mit} herum schwanken.

Der Anlasser verzehrt einen Teil der dem Motor zugeführten Leistung. Die dem Läufer (Anker) direkt oder indirekt zugeführte Scheinleistung ist $m U I$ (bei Gleichstrommaschinen ist $m = 1$ zu setzen). Schaltet man in den Läuferkreis einen Anlasser ein, so wird in den Widerständen eine Spannung $U' = R I_a$ vernichtet

(R = Läuferwiderstand + Anlasserwiderstand). Der Teil $I_a^2 R$ der Leistung wird in Wärme umgesetzt. Somit bleibt die Spannung $U - U'$ übrig. Die EMK der Drehung wirkt im gleichen Sinne wie der durch die Anlaßwiderstände verursachte Spannungsabfall U'. Dementsprechend wird die Drehzahl im Verhältnis $\frac{U - U'}{U}$ verringert. Im Stillstand ist die Drehzahl null, also die EMK der Drehung null, der Strom ergibt sich aus der Beziehung $I_2 = \frac{U}{\sqrt{R^2 + \omega^2 L^2}}$. Dreht sich der Läufer im Fluß Φ, so entsteht in ihm die EMK E, der Spannungsabfall am Anlasser sinkt auf $U' = U - E$, der Strom sinkt von I_2 auf I_1. Schließt man jetzt die erste Anlaßstufe kurz, so steigt der Strom auf I_2 und sinkt bei weiterer Vergrößerung der Drehzahl auf I_1 usw.

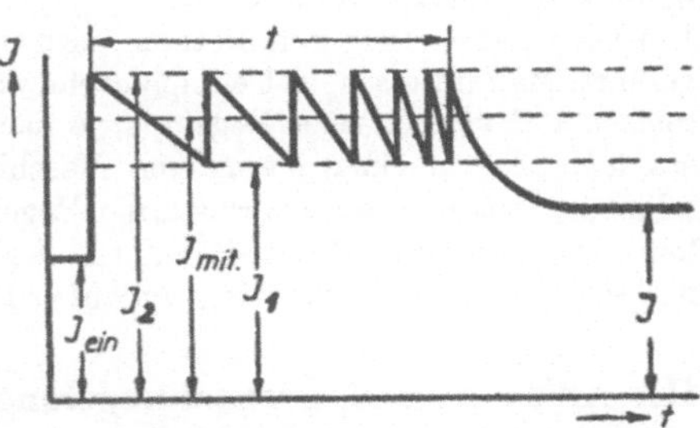

Bild 85. Zeichnerische Darstellung des Anlaßvorganges eines Elektromotors. t = Anlaßzeit

Nach VDE, 0650 §§ 18 bis 25 gelten folgende Bezeichnungen (Bild 85):

Vorstufe ist die erste Stufe des Anlassers, bei der der Motor noch nicht anlaufen muß.

Anlaßstufen sind die Stufen, deren aufeinanderfolgendes Kurzschließen den Anlauf herbeiührt.

Nennstrom I ist der Strom, den der Motor bei Vollast aufnimmt.

Einschaltstrom I_{ein} ist der Strom auf der ersten (Vor-)Stellung.

Anlaßspitzenstrom I_2 ist der Strom, der beim Kurzschließen einer Anlaßstufe auftritt.

Schaltstrom I_1 ist der Strom, bei dem das Weiterschalten erfolgen soll.

Als mittlerer Anlaßstrom gilt $I_{mit} = \sqrt{I_1 \cdot I_2}$.

Die mittlere Anlaßaufnahme in kVA ist:

$$N_{mit} = m\, U\, I_{mit}\, 10^{-3}. \tag{107}$$

Anlaßzeit t (Sekunden) ist die Zeit, während der nur Anlaßstufen Strom führen. Anlaßarbeit in kWs ist das Produkt $m\, U\, I_{mit}\, t \cos\varphi\, 10^{-3}$.

Entsprechend den Anlaßverhältnissen unterscheidet man zwischen Halblast-, Vollast- und Schweranlauf und wählt dementsprechend die Anlasser so, daß sie den zum Anlassen gegen Halb-, Voll- oder Überlast notwendigen Anlaßstrom durchlassen. Für die Bewertung der Anlasser ist die Anlaßhäufigkeit maßgebend (VDE 0650 §§ 18 bis 25).

Sollen Motoren in kurzen Zeitabständen wiederholt angelassen werden, so werden die Anlaßwiderstände groß und teuer; auch können die Anlaßverluste die Wirtschaftlichkeit zu sehr herabsetzen. In diesem Fall läßt man große Maschinen häufig so an, daß die Leistung $m\, U'\, I_a$ in einer besonderen Anlaßmaschine zurückgewonnen wird.

Wechselstrom-Kollektormotoren werden in ähnlicher Weise angelassen, indem man die dem Anker zugeführte Spannung regelt. Man kann das so durchführen, daß man Widerstände in den Ankerkreis schaltet. Man kann auch den Anker an verschiedene Stufen eines Regeltransformators anlegen und auf diese Weise seine Spannung ändern. Bei Wechselstrom-Kollektormotoren mit Bürstenverschiebung kann man außerdem durch Verschiebung der Bürsten die dem Anker zugeführte Spannung regeln (z. B. Repulsionsmotoren, Drehstrom-Kollektormotoren).

Motoren, welche kein Anlaufmoment haben, wie Einphasen-Induktionsmotoren und Synchronmotoren, können natürlich so nicht angelassen werden. Man läßt sie in der Regel in einer Umschaltung als Mehrphasen-Induktionsmotoren oder mittels besonderer Anlaßmotoren an.

Die Drehzahlregelung von Motoren wird nach denselben Gesichtspunkten durchgeführt. Man unterscheidet entsprechend der obigen Überlegung zwischen verlustreicher und verlustarmer Regelung, je nachdem, ob die Spannung U' in Widerständen oder in einer besonderen Maschine verbraucht wird. Die Bürstenverschiebung ist auch eine verlustarme Regelung. Bei Drehfeld-Induktionsmotoren kann man die Drehzahl auch dadurch verlustarm regeln, daß man das Drehfeld mit verschiedenen Drehzahlen umlaufen läßt (Polumschaltung).

III. Anlassen und Drehzahlregelung von Gleichstrommotoren

Beim Anlassen eines Gleichstrommotors muß die Ankerspannung allmählich von Null bis auf die Netzspannung vergrößert werden, wobei der mittlere Anlaßstrom konstant bleiben soll. Erregerfeld und Erregerfluß sollen während der Anlaßzeit ihren höchsten Wert beibehalten. Auch die Regelung der Drehzahl wird im allgemeinen so durchgeführt, daß man die Ankerspannung regelt. Durch Feldregelung kann die Drehzahl ebenfalls geregelt werden, aber nur in den höheren Drehzahlbereichen, in denen die Ankerspannung nicht mehr weiter gesteigert werden kann.

1. Anlassen und Drehzahlregelung eines Gleichstrom-Nebenschlußmotors

Beim Nebenschlußmotor ist darauf zu achten, daß die Erregerwicklung dauernd an der vollen Netzspannung liegt, damit das Feld die volle Stärke beibehält und nur die Ankerspannung geregelt wird. Will man nach dem Anlassen die Drehzahl noch steigern, dann schaltet man Widerstände vor die Erregerwicklung (verlustarme Regelung).

Schaltung Bild 86.

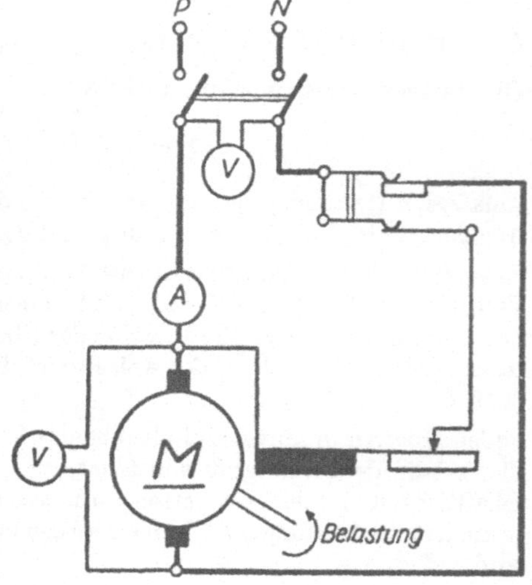

Bild 86. Schaltbild für Anlassen und Drehzahlregelung eines Gleichstrom-Nebenschlußmotors

Beschreibung des Versuchs

Der Motor wird über Anlasser an eine konstante Gleichspannungsquelle angeschlossen. Man belastet ihn mit Nenndrehmoment mittels Bremszaum (oder irgendeiner Belastungsmaschine). Dabei schließt man den Feldregler kurz und mißt bei verschiedenen Anlaßstufen und konstantem Nenndrehmoment M, Drehzahl n, Netzspannung U, Ankerspannung $U - U'$, Strom $I_a + I_e$ und aufgenommene Leistung N_z. Dann mißt man bei kurzgeschlossenem Anlasser und verschiedenen Nebenschlußreglerstufen sowie bei konstantem Nenndrehmoment wieder Drehzahl und aufgenommene Leistung. Die abgegebene Leistung errechnet sic hals:

$$N_a = 1{,}027\, M n \text{ (Watt)}. \qquad (108)$$

Die aus dem Netz aufgenommene Leistung ist:

$$N_z = U\,(I_a + I_e) \text{ (Watt)}, \qquad (109)$$

im Anlaßwiderstand vernichtete Leistung:

$$N_r = I_a U' \text{ (Watt)}. \qquad (110)$$

Gesamtwirkungsgrad:

$$\eta_g = \frac{N_a}{N_z}, \qquad (111)$$

Motorwirkungsgrad:

$$\eta_m = \frac{N_a}{N_z - N_r}. \qquad (112)$$

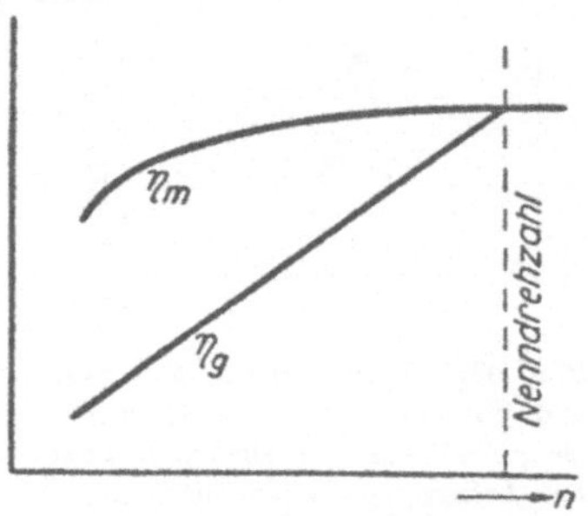

Bild 87. Gesamtwirkungsgrad (η_g) und Motorwirkungsgrad (η_m) in Abhängigkeit von der Drehzahl eines mit Anlasser geregelten Gleichstrom-Nebenschlußmotors

Die Wirkungsgrade sind in Abhängigkeit von der Drehzahl aufzutragen (Bild 87).

2. Anlassen und Drehzahlregelung eines Gleichstrom-Hauptschlußmotors

Bei Hauptschlußmotoren sind Anker- und Erregerwicklung stets in Reihe geschaltet. Man schaltet den Anlasser in den Hauptstromkreis ein (Bild 88). Will man nach dem Anlassen die Drehzahl steigern, so schaltet man parallel zur Erregerwicklung einen Widerstand (Shunt); dann fließt nur ein Teil des Ankerstromes durch die Erregerwicklung, und das Feld wird geschwächt.

Schaltung Bild 88.

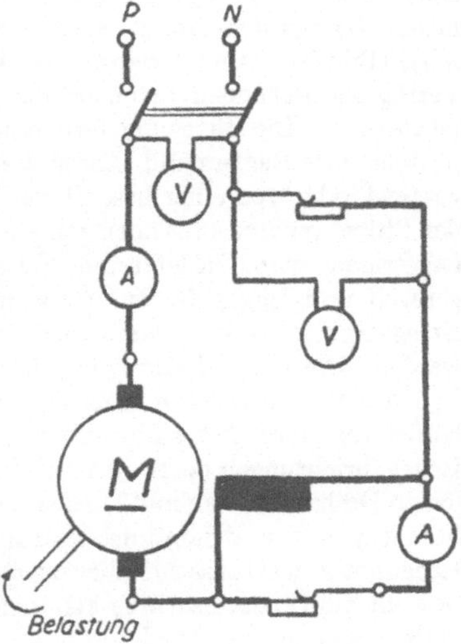

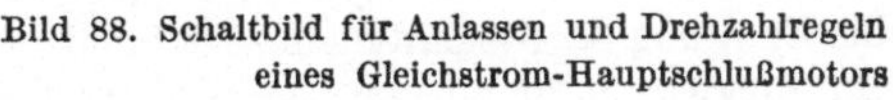
Bild 88. Schaltbild für Anlassen und Drehzahlregeln eines Gleichstrom-Hauptschlußmotors

Beschreibung des Versuchs

Der Motor wird über Anlasser an eine konstante Gleichspannungsquelle angeschlossen. Man belastet ihn mittels Bremszaum (oder irgendeiner Belastungsmaschine) mit Nenndrehmoment. Dabei unterbricht man den zur Erregerwicklung parallelen Widerstand (Shunt) und mißt bei verschiedenen Anlaßstufen und konstantem Nenndrehmoment Drehzahl und aufgenommene Leistung. Dann schließt man den Anlasser kurz und mißt bei verschiedenen Stufen des zur Erregerwicklung parallelen Widerstandes sowie bei konstantem Nenndrehmoment Drehzahl und aufgenommene Leistung. Die abgegebene mechanische Leistung ist $N_a = 1{,}027\ M n$, die aus dem Netz aufgenommene Leistung errechnet sich zu:

$$N_z = U I_a . \tag{113}$$

Die im Anlaßwiderstand vernichtete Leistung ist:

$$N_r = U' I_a . \tag{114}$$

Gesamtwirkungsgrad und Motorwirkungsgrad sind in Abhängigkeit von der Drehzahl aufzutragen (Bild 89).

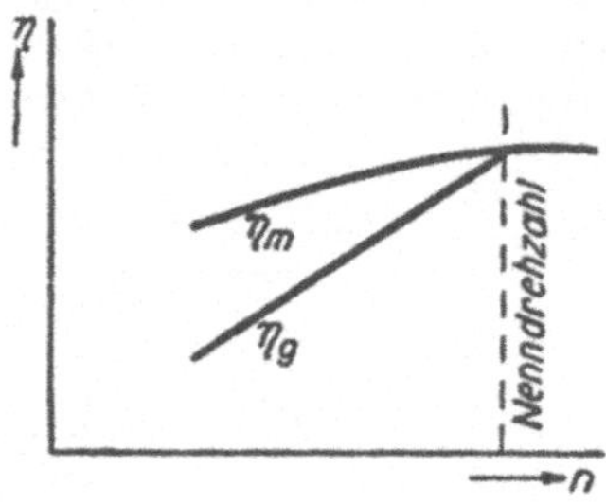

Bild 89. Gesamtwirkungsgrad (η_g) und Motorwirkungsgrad (η_m) in Abhängigkeit von der Drehzahl eines mit Anlasser geregelten Gleichstrom-Hauptschlußmotors

3. Die *Ward-Leonard*-Schaltung

Diese Schaltung wird für schwere Antriebe gebraucht, bei denen häufiges Anlassen und Abschalten des Motors, eine oftmalige Drehzahlregelung in weiten Grenzen sowie eine Umkehrung der Drehrichtung in Frage kommt. Sie ist verlustarm.

Das wesentliche Kennzeichen dieser Schaltung ist die Reihenschaltung des Ankers eines in seiner Erregung regelbaren und umkehrbaren Generators (Steuergenerator) G_{II} mit dem Anker eines fremderregten Gleichstrommotors (Regelmotors) M_{III} (Bild 90). Der Antriebsmotor M_I des Steuergenerators kann je nach der zur Verfügung stehenden Stromart ein Drehstrommotor oder auch ein Gleichstrommotor sein. Die Erregung des Steuergenerators (Steuerdynamo) wird entweder mittels eines Reglers und Umschalters von einem konstanten Gleichstromnetz aus gespeist oder von einer besonderen Erregermaschine, die entweder auf der Welle der Steuerdynamo sitzt oder von einem besonderen Motor mit konstanter Drehzahl angetrieben wird. In letzterem Falle wird nur die Erregung der Erregermaschine geregelt und umgepolt. Zur Umkehr der Drehrichtung des Regelmotors muß die Erregung der Steuerdynamo erst auf Null herabgeregelt und danach umgepolt werden. Die (Fremd-)Erregung des Regelmotors wird meist konstant gehalten. Soll der Regelmotor ein großes Drehmoment ausüben, so läßt man ihn langsam laufen und entlastet dadurch das Netz. Man kann mittels geeigneter besonderer Regeleinrichtungen (z. B. Schwungrad beim Ilgner-Umformer) bei ganz verschiedenen Drehmomenten und Drehzahlen des Motors eine fast konstante Belastung der Steuerdynamo und damit des Netzes erreichen. Die Drehrichtung und Drehzahl des Regelmotors wird ausschließlich durch die Erregung der Steuerdynamo bestimmt.

Sowohl die Steuermaschine als auch ihr Antriebsmotor müssen natürlich für die volle Leistung des Regelmotors ausgelegt sein.

Schaltung Bild 90.

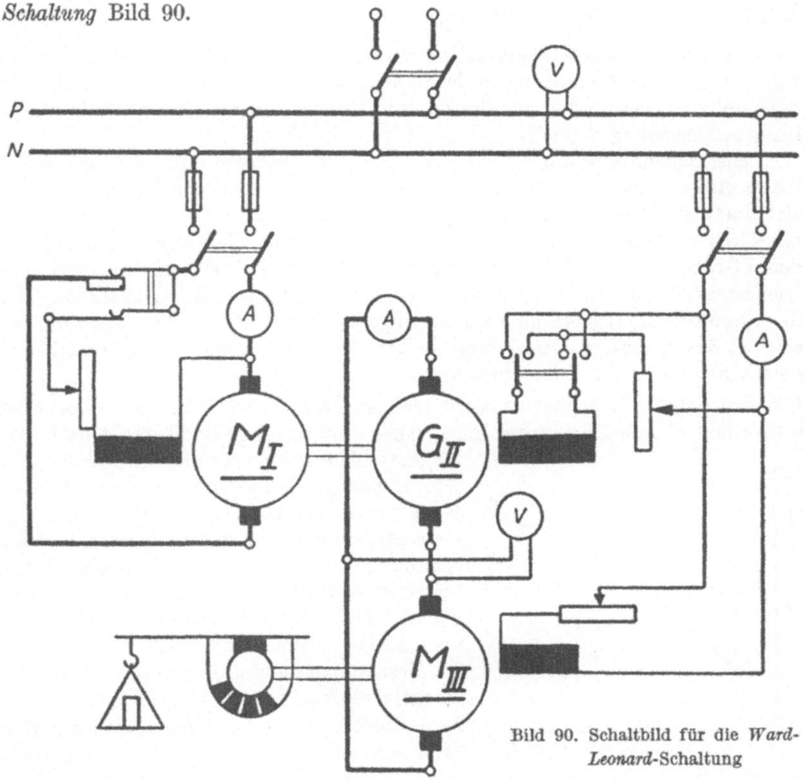

Bild 90. Schaltbild für die *Ward-Leonard*-Schaltung

Beschreibung des Versuchs

Der Antriebsmotor des Steuergenerators wird an eine konstante Gleichspannungsquelle angeschlossen, ebenso der Nebenschlußregler der Steuerdynamo und die Erregung des Regelmotors. Man belastet den Regelmotor mittels Bremszaum (oder irgendeiner Belastungsmaschine). Dann mißt man bei verschiedener Erregung der Steuerdynamo und konstantem Belastungsdrehmoment (Nenndrehmoment) des Regelmotors dessen Drehzahl, die gesamte aus dem Netz aufgenommene Leistung und die auf den Regelmotor elektrisch übertragene Leistung. Aufzutragen sind in Abhängigkeit von der Drehzahl des Regelmotors der Gesamtwirkungsgrad der Anlage η_{ges} und der Wirkungsgrad des Regelmotors η_m (Bild 91), ferner in Abhängigkeit vom Erregerstrom der Steuerdynamo die Drehzahl n des Regelmotors (Bild 92).

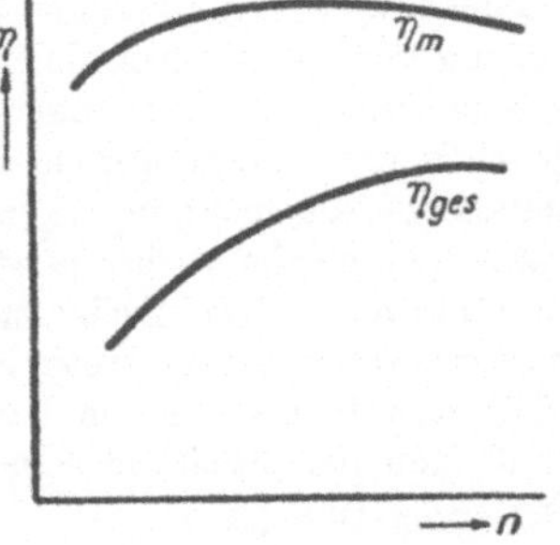

Bild 91. Gesamtwirkungsgrad einer *Ward-Leonard*-Anlage (η_{ges}) und ihres Regelmotors (η_m) in Abhängigkeit von dessen Drehzahl

4. Die Zu- und Gegenschaltung

In Fällen, in denen große Gleichstrommotoren häufig angelassen und in der Drehzahl geregelt werden müssen, in denen aber eine Umkehr der Drehrichtung nicht notwendig ist, verwendet man die Zu- und Gegenschaltung, die ebenfalls eine verlustarme Regelung darstellt.

Die Gleichstrom-Zusatzmaschine ist eine fremderregte Gleichstrommaschine, deren Anker mit einer konstanten Gleichspannungsquelle oder einem Gleichstromnetz in Reihe geschaltet wird. Erregt man die mit konstanter Drehzahl angetriebene Maschine, so wird in ihrem Anker eine Gleichspannung induziert, deren Größe von der Stärke der Erregung abhängt und die sich zu der vorhandenen Gleichspannung hinzusetzt. Je nach der Richtung dieser ,,Zusatzspannung" wird die Gesamtspannung erhöht oder verringert. In Bild 93 ist die Schaltung einer solchen Zusatzmaschine (G_{II}) dargestellt, welche zur Spannung eines Gleichstromnetzes Spannung zu- oder absetzt.

Um den ganzen Regelbereich ausnutzen zu können, wird ihre Erregerwicklung über einen Umschalter an die Erregerspannung angelegt (Bild 92). Mittels eines Magnetreglers kann man den Erregerstrom von Null angefangen auf jeden Wert bis zum höchsten Wert regeln. Die Grenzen der Regelbarkeit der Gesamtspannung sind durch die höchste Ankerspannung der Zusatzmaschine gegeben. Beträgt beispielsweise die Spannung des Gleichstromnetzes 100 V und die höchste Ankerspannung der Zusatzmaschine bei Vollast 50 V, so kann die Gesamtspannung zwischen 50 und 150 Volt geregelt werden.

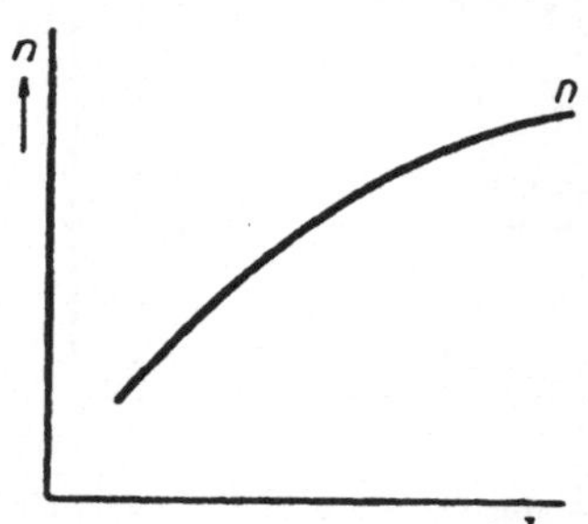

Bild 92. Drehzahl des Regelmotors in Abhängigkeit vom Erregerstrom der Steuerdynamo eines *Ward-Leonard*-Regelsatzes

Man schaltet den Anker einer von einem Motor M_I meist mit konstanter Drehzahl angetriebenen fremderregten Zusatzmaschine G_{II} in Reihe mit dem Ankerstromkreis eines an ein Gleichstromnetz konstanter Spannung angeschlossenen Gleichstrommotors (Regelmotor) M_{III}. Der Regelmotor kann sowohl ein fremderregter als auch ein Hauptschluß- oder Doppelschlußmotor sein. Die Erregung der Zusatzmaschine G_{II} kann mittels Umschalter umgepolt werden und wird entweder über einen Nebenschlußregler an konstante Gleichspannung gelegt oder von einer besonderen Erregermaschine aus gespeist. Im letzteren Falle genügt es, die Erregung der Erregermaschine umzupolen und zu regeln. Durch diese Maßnahme erreicht man, daß dem Anker des Regelmotors eine Spannung zugeführt wird, die je nach der Spannungsrichtung der Zusatzmaschine größer, gleich oder kleiner ist als die Netzspannung. Setzt die Zusatzmaschine Spannung zu, so ist sie Generator und entnimmt ihre Leistung über ihren Antriebsmotor M_I dem Netz dieses Motors (in der Regel Gleichstromnetz). Setzt sie Spannung ab, dann wird sie zum Motor und treibt ihren Motor als Generator an: sie liefert Leistung ins Netz zurück. Will man auch in diesem Fall die Drehrichtung des Regelmotors umkehren, so muß man bei Stillstand seinen Anker oder seine Erregung umpolen.

Schaltung Bild 93.

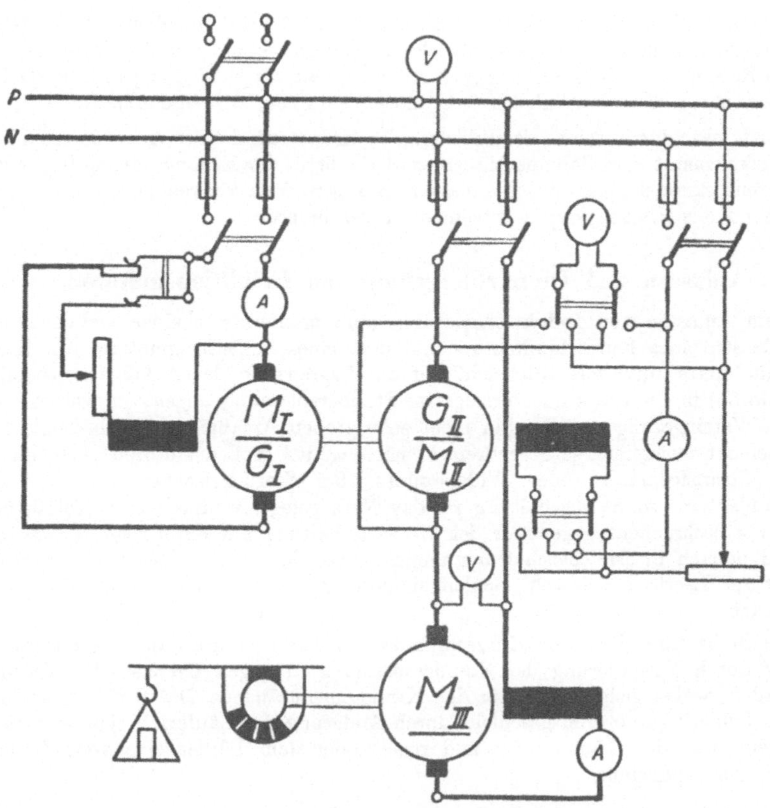

Bild 93. Zu- und Gegenschaltung eines Zusatzmaschinensatzes zu einem Gleichstrom-Regelmotor

Beschreibung des Versuchs

Der Antriebsmotor der Zusatzmaschine wird an eine konstante Gleichspannungsquelle angeschlossen, ebenso die Erregung der Zusatzmaschine unter Einschaltung eines Nebenschlußreglers und eines Umschalters. Man belastet den Regelmotor mittels Bremszaum oder irgendeiner Belastungsmaschine. Dann läßt man den Regelmotor an, indem man die Zusatzmaschine auf größte Gegenspannung (= Netzspannung) erregt, und regelt seine Drehzahl bis zur halben Nenndrehzahl durch Verminderung der Erregung der Zusatzmaschine. Durch Umpolung der Erregung der Zusatzmaschine erhöht man die Spannung am Regelmotor über die Netzspannung und erreicht durch Verstärkung der Erregung schließlich die Nennspannung und Nenndrehzahl des Regelmotors (Zusatzmaschine setzt volle Spannung zu).

Man mißt bei verschiedener Erregung und Polung der Zusatzmaschine und bei konstantem Lastmoment (Nenndrehmoment) des Regelmotors dessen Drehzahl, die gesamte aus dem Netz aufgenommene Leistung und die auf den Regelmotor elektrisch übertragene Leistung. Aufzutragen sind in Abhängigkeit von der Drehzahl des Regelmotors der Gesamtwirkungsgrad der Anlage und der Wirkungsgrad des Regelmotors (Bild 91), ferner in Abhängigkeit von dem Erregerstrom der Zusatzdynamo die Drehzahl des Regelmotors (ähnlich, wie Bild 92).

Zusatzmaschinen, welche dazu dienen, das Erdpotential einer Anordnung zu verringern, nennt man Saugmaschinen, weil sie die in der Erdungsleitung fließenden Ströme sammeln, also gewissermaßen ansaugen. Man verwendet sie dazu, weitgehend das Fließen von Erdströmen zu verhindern.

IV. Anlassen und Drehzahlregelung von Induktionsmotoren

Beim Anlassen von Induktionsmotoren muß man unterscheiden zwischen dem Anlassen eines Kurzschlußmotors und dem eines Schleifringmotors. Ein Kurzschlußmotor muß mit Rücksicht auf die Begrenzung des Anlaßspitzenstromes (Bild 85) in der Regel mit verringerter Ständerspannung angelassen werden, was eine Verringerung des ohnehin nicht sehr großen Anlaßmomentes bedingt. Das geschieht meist mittels Sterndreieckschaltung, bei großen Motoren auch mittels Anlaßtransformators oder Widerstandes. Bei Sterndreieckanlassen wird der Ständer erst in Sternschaltung an das Netz gelegt, wodurch sich Anlaßstrom und Anlaßmoment gegenüber der Dreieckschaltung auf ein Drittel verringern, und danach in Dreieckschaltung umgeschaltet. Man kann also solche Motoren nur im Leerlauf anlassen. Schleifringmotoren können mit Vollast angelassen werden.

Die Drehzahlregelung von Kurzschlußmotoren kann bei konstanter Netzfrequenz nur durch Veränderung der Ständerspannung in engen Grenzen durchgeführt werden, wobei sich gleichzeitig das Kippmoment ändert. Die Drehzahlregelung von Schleifringmotoren geschieht durch Änderung der Läuferfrequenz entweder, indem man den Läuferwiderstand regelt oder dem Läufer eine veränderliche Frequenz aufzwingt.

1. Messung des Anlaufmomentes eines Kurzschlußmotors

Das Anlaufmoment ist das höchste Drehmoment, mit dem ein Motor gegen eine Last anlaufen kann. Es läßt sich am einfachsten bei festgebremstem Läufer abwägen. Auf die Riemenscheibe wird deshalb ein Bremszaum aufgesetzt und festgezogen, dessen Hebel über ein Dynamometer verankert ist. Da sich das Anlaufmoment ungefähr quadratisch mit der Spannung ändert, ist die Spannung genau zu messen. Auch Strom und Leistungsfaktor müssen gemessen werden. Das Kippmoment des Motors kann man mit Hilfe eines Dynamometers mit vorgeschobenem Zeiger messen, indem man den Motor leer anläßt und nach Erreichung der Leerlaufsdrehzahl die Backen des Bremszaumes immer fester anzieht, bis der Motor stehen bleibt. Trägt der Wellenstumpf eine Anlaßriemenscheibe, so kann man die Backen des Bremszaumes schon vor dem Anlassen festziehen.

Schaltung Bild 94.

Beschreibung des Versuchs (Bild 94)

Der Motor wird an Spannung gelegt und Drehmoment sowie Strom, Leistung und Spannung der Ständerwicklung gemessen. Die Ablesungen müssen schnell durchgeführt werden, um allzugroße Erwärmung zu vermeiden. Anlauf- und Kippmoment sind

a) in Stern- und Dreieckschaltung,

b) bei ungeänderter Ständerschaltung mit verschiedenen Netzspannungen

zu messen. Die Ergebnisse sind in Tabellen bzw. Kurven $f(U)$ darzustellen.

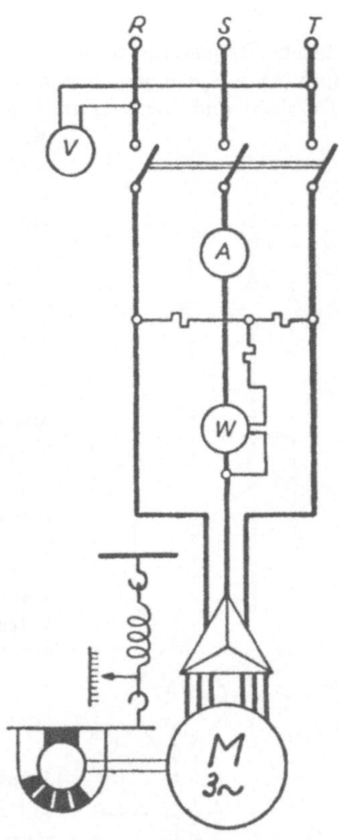

Bild 94. Messung von Anlauf- und Kippmoment eines Kurzschlußmotors

2. Drehzahlregelung von Kurzschlußmotoren durch Änderung der Ständerfrequenz

Der Versuch wird an einem Kurzschlußmotor sowie an einem Himmelmotor durchgeführt. Ändert man stufenweise die Ständerfrequenz, so ändert man damit gleichzeitig die Drehzahl des Drehfeldes und damit auch die Läuferdrehzahl. Will man dabei die Drehmomentverhältnisse des Motors ungeändert lassen, so muß man die Spannung proportional zur Frequenz ändern. Beim Himmelmotor kann man die Drehzahl auch so ändern, daß man dem Außenmotor eine andere Frequenz zuführt als dem Innenmotor.

Schaltung Bild 95.

Beschreibung des Versuchs (Bild 95)

Auf die Riemenscheibe des Kurzschlußmotors setzt man einen Bremszaum, dessen Hebel über ein Dynamometer verankert ist. Man führt dem Ständer verschiedene Spannungen mit verschie-

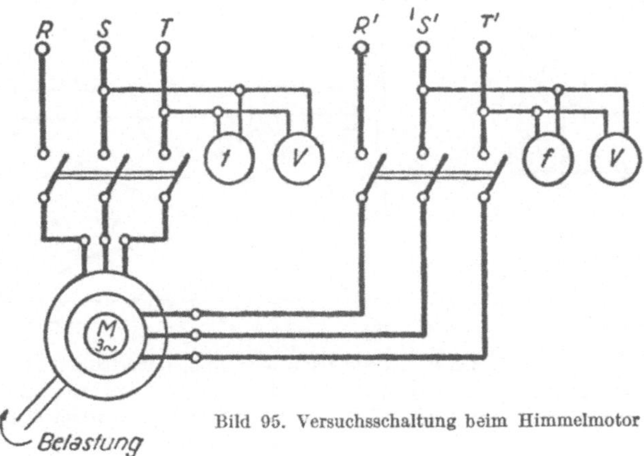

Bild 95. Versuchsschaltung beim Himmelmotor

denen Frequenzen zu und belastet den Motor mit Nenndrehmoment. Dabei mißt man Spannung, Strom, Frequenz, Leistungsaufnahme, Leistungsfaktor und Drehzahl und stellt sie in Abhängigkeit von der Frequenz dar.

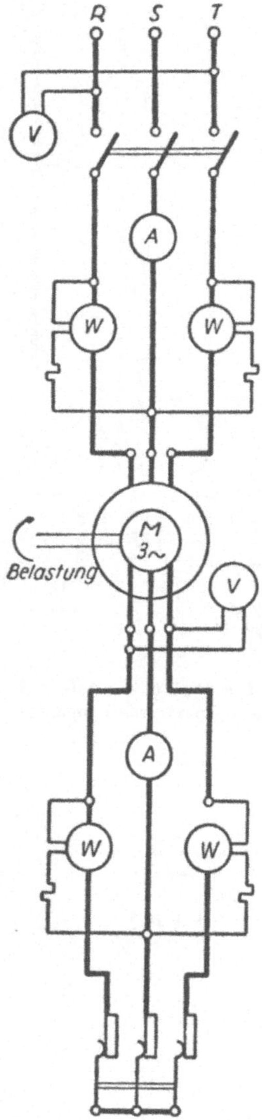

Man führt beim Himmelmotor dem Ständer des Außenmotors Nennspannung und Nennfrequenz zu, während man die Schleifringe des Innenmotors mit veränderlicher Spannung und Frequenz speist. Zu messen sind im Leerlauf Spannung, Drehzahl und Frequenz des Außenmotors sowie Spannung und Frequenz des Innenmotors. Sie sind in Abhängigkeit von der Frequenz des Innenmotors darzustellen.

3. Regelung der Drehzahl eines Schleifringmotors mit Regelanlasser

Verbindet man mit den Schleifringbürsten die Klemmen des Anlassers und belastet den Motor mit einem konstanten Lastmoment, so kann man durch stufenweise Veränderung des Anlaßwiderstandes die Drehzahl des Motors regeln. Diese Regelung ist verlustreich, weil ein Teil der Luftspaltleistung im Anlasser in Wärme umgesetzt wird. Derselbe Vorgang wird in der Regel auch zum Anlassen eines Schleifringmotors benutzt.

Schaltung Bild 96.

Beschreibung des Versuchs

Auf die Riemenscheibe des Motors wird ein Bremszaum aufgesetzt, dessen Hebel über ein Dynamometer fest verankert ist. Der Anlasser wird auf äußerste Anlaßstellung geschaltet, die Ständerwicklung an ein Drehstromnetz konstanter Spannung und Frequenz

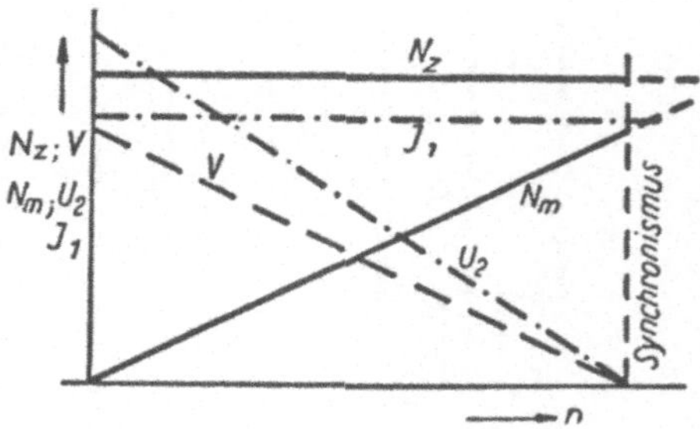

Bild 96. Drehzahlregelung eines Schleifringmotors mit Regelanlasser

Bild 97. Leistungsaufnahme (N_z), Ständerstrom (I_1), mechanische Leistung (N_m), Läufeıspannung (U_2) und Anlasserverluste (V) in Abhängigkeit von der Drehzahl bei konstantem Drehmoment eines Schleifringsmotors

angeschlossen. Man stellt bei konstanter Netzspannung und Netzfrequenz mit dem Bremszaum das Nenndrehmoment ein, das für sämtliche Widerstandsstufen konstant gehalten werden muß. Elektrische Leistungsaufnahme N_z, Ständerstrom I_1, Läuferspannung U_2, mechanische Leistung N_m und Anlasserverluste V sind in Abhängigkeit von der Drehzahl n darzustellen (Bild 97).

4. Drehzahlregelung durch Polumschaltung und Kaskadenschaltung

Bewickelt man eine Induktionsmaschine mit mehreren Wicklungen verschiedener Polpaarzahlen p_1, p_2 usw. und schaltet eine Wicklung nach der anderen an ein Drehstromnetz konstanter Frequenz f an, so läuft sein Drehfeld der Reihe nach mit den Drehzahlen $\frac{60\,f}{p_1}$, $\frac{60\,f}{p_2}$ usw. um. Dementsprechend kann der Läufer mit mehreren wirtschaftlichen Drehzahlen umlaufen. Meist ist der Läufer dabei ein Kurzschlußläufer. Schaltet man zwei oder mehrere starr gekuppelte Induktionsmotoren so, daß beispielsweise die Läuferwicklung des ersten Motors mit der Ständerwicklung des zweiten Motors in Reihe geschaltet ist usw., und schließt man den Läufer des letzten Motors in der Reihe kurz, so nennt man das eine Kaskade. Bezeichnet man die Polpaarzahlen dieser Maschinen wieder mit p_1, p_2, p_3 usw. und legt man die Ständerwicklung des ersten Motors an ein Drehstromnetz mit der Frequenz f, so läuft der Maschinensatz mit der Drehzahl:

$$n = \frac{p_1}{p_1 + p_2 + \dfrac{p_3}{1 - s_3}} \frac{60\,f}{p_1}, \qquad (115)$$

wo s_3 der Schlupf des letzten Motors in der Reihe ist.

Die Polumschaltung kann mit der Kaskadenschaltung zusammen zur Erzielung einer größeren Anzahl verlustarmer Drehzahlstufen verwendet werden. Zu diesem Zwecke kann man einen Schleifringmotor mit einem polumschaltbaren Kurzschlußmotor von anderen Polzahlen kuppeln. Je nachdem, ob man den einen oder anderen Motor allein einschaltet, oder die beiden Motoren derart in Kaskade schaltet, daß der Schleifringmotor dem Netz Leistung entnimmt und den Kurzschlußmotor (Hintermotor) speist, kann man verschiedene Nennleistungen des Maschinensatzes bei verschiedenen Drehzahlen erreichen. Ist nur ein Motor an das Netz geschaltet, so läuft der zweite leer mit, der Maschinensatz überträgt die Nennlast des ans Netz geschalteten Motors. Bei Kaskadenschaltung darf die Nennlast des Maschinensatzes niemals die Nennleistung des am Netz liegenden Vordermotors (Schleifringmotor) überschreiten, weil dieser Motor für den Hintermotor Generator ist.

Schaltung: Bild 98.

Beschreibung des Versuchs:

Auf die Riemenscheibe wird ein Bremszaum in der früher beschriebenen Weise aufgesetzt. Der $\frac{\text{Ständer}}{\text{Läufer}}$ des Schleifringmotors wird an ein Netz konstanter Spannung und Frequenz angeschlossen, sein $\frac{\text{Läufer}}{\text{Ständer}}$ wird mit der Ständerwicklung größter Polzahl (kleinster Drehzahl) des polumschaltbaren Kurzschlußmotors[1]) verbunden. Dann wird der Maschinensatz angelassen und mit dem für diese Schaltung angegebenen Nenndrehmoment belastet. Man erhält so die geringste Drehzahl. In weiterer Folge wird der Reihe nach abwechselnd der eine oder andere Motor für sich oder beide Motoren in Kaskade geschaltet und mit den zugehörigen Nenndrehmomenten belastet. Zu messen sind jedesmal Drehmoment, Drehzahl, vom Netz aufgenommene Leistung, Spannung, Leistungsfaktor, bei Kaskadenschaltung außerdem auf den Hintermotor übertragene Spannung, Leistung, Leistungsfaktor. Die Ergebnisse sind in Tabellenform anzugeben.

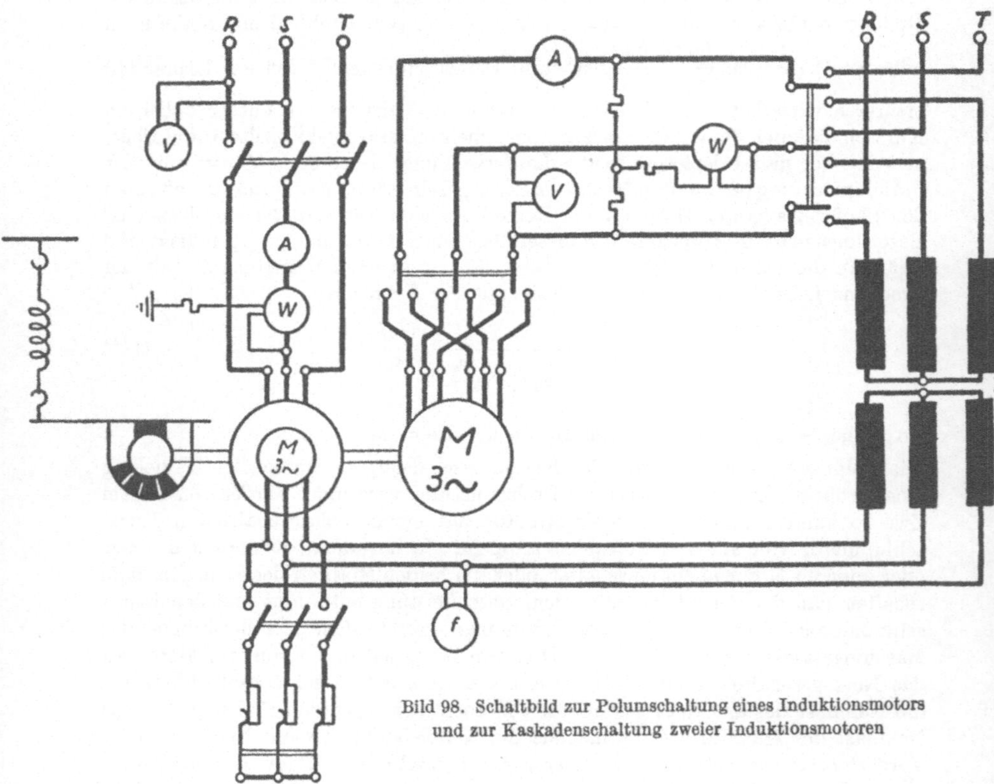

Bild 98. Schaltbild zur Polumschaltung eines Induktionsmotors und zur Kaskadenschaltung zweier Induktionsmotoren

V. Parallelarbeiten und Phasenkompensation

Will man zu einer Spannungsquelle eine zweite Spannungsquelle parallel schalten, so muß man verhindern, daß in dem neu entstehenden geschlossenen Stromkreis, gebildet aus der ersten Spannungsquelle und der parallel zu schaltenden zweiten Spannungsquelle, ein allzugroßer Ausgleichsstrom fließt. Man muß daher am Ver-

[1]) Gegebenenfalls über einen Zwischentransformator T (wegen der Verschiedenheit der Läufer- und Ständerspannungen).

bindungsschalter eine vergleichende Messung der beiden Spannungen vornehmen und die Spannung der zuzuschaltenden Spannungsquelle so lange regeln, bis kein nennenswerter Unterschied zwischen der Spannung der ersten und der zweiten Spannungsquelle mehr besteht.

Die Bezeichnung der Spannungsrichtung hängt wesentlich vom Betrachtungspunkt ab. Betrachtet man von den Klemmen der ersten Spannungsquelle aus die Richtung der Spannung der zweiten zuzuschaltenden Spannungsquelle, so scheint letztere der ersten entgegengerichtet. Betrachtet man hingegen die Spannungen der beiden Spannungsquellen am Verbindungsschalter, so sind sie gleichgerichtet. Bild 99 erklärt diesen scheinbaren Widerspruch. Als Spannungsquellen sind dort der einfachen Übersicht halber Batterien angedeutet.

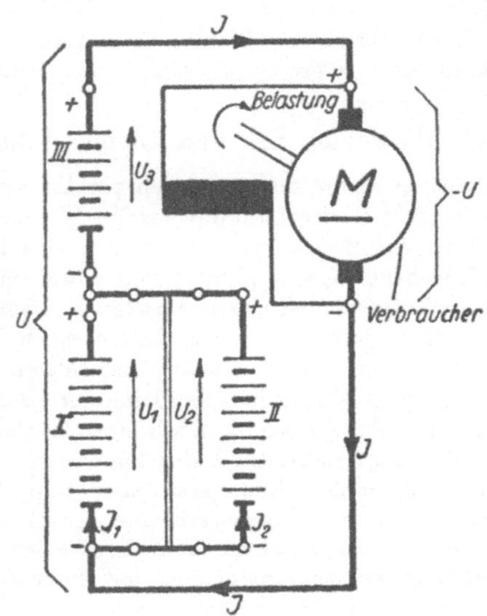

Bild 99. Parallel- und Reihenschaltung von Spannungsquellen (Batterien) auf einen Verbraucher

In Reihe mit Batterie I liegt Batterie III. Beide speisen ein Verbrauchernetz. Sollen die beiden Spannungen U_1 und U_3 sich addieren, so müssen die Polaritäten der Spannungsquellen fortlaufen, d. h. der Minuspol der Spannungsquelle III muß mit dem Pluspol der Spannungsquelle I verbunden sein. Betrachtet man also von der Spannung U_1 aus die Spannung U_3 der Spannungsquelle III, so hat letztere die gleiche Richtung mit der Spannung der ersteren. Sie sind also gleichgerichtet.

Soll die Spannungsquelle II zur Spannungsquelle I parallel geschaltet werden, so muß auch ihre Polarität die gleiche sein wie die der Spannungsquelle I, es müssen also gleichnamige Pole verbunden werden.

Sind die Spannungen gleich groß und legt man den Schalter ein, so fließt im Stromkreise, gebildet aus I und II, kein Strom, wohl aber liefern I und II Strom an das Verbrauchernetz. Für diese Betrachtungsweise ist es unwesentlich, ob es sich um Gleichspannungen oder Wechselspannungen handelt, nur muß, was für Gleichspannungen gilt, für Wechselspannungen in jedem Augenblick gelten: Differenz der Spannungen von I und II gleich null. Diese Bedingung läßt sich bei Wechselspannungen nur erfüllen, wenn beide Spannungen die gleiche Frequenz und Phasenlage haben.

Phasenschieben in Wechselstromnetzen heißt, am Verbraucherort die in den Verbrauchern erforderlichen Magnetisierungsströme erzeugen, Das kann man entweder mit besonderen Blindstromerzeugern (Phasenschiebermaschinen, Kondensatorbatterien) oder mit Einrichtungen zur Blindstromerzeugung am Verbraucher selbst erzielen. Die Phasenschiebung ist wichtig für die Entlastung der Netze und

Stromerzeuger. Ist der Leistungsfaktor am Verbraucherorte = 1, so fließt durch die Leitungen nur Wirkstrom, und die Stromerzeuger im Kraftwerk brauchen nur die für die Magnetisierung des Netzes erforderliche, verhältnismäßig geringfügige Blindenergie zu erzeugen. Da viele Kraftwerke besondere Blindstromgebühren erheben, kann die Blindleistungserzeugung am Verbraucherorte für den Verbraucher von großer wirtschaftlicher Bedeutung sein.

VI. Parallelbetrieb von Gleichstrommaschinen

Arbeiten mehrere Generatoren parallel auf ein Netz, so muß man in der Lage sein, die Belastung auf die einzelnen Generatoren nach Bedarf zu verteilen. Dabei dürfen bei Belastungsschwankungen einzelne Maschinen nicht überlastet werden. Maßgebend für eine richtige Betriebsführung ist die genaue Kenntnis der äußeren Kennlinien der einzelnen Maschinen. Beim Parallellauf besteht ein Unterschied zwischen dem Zusammenarbeiten einer Maschine mit einem verhältnismäßig starken Netz und dem Zusammenarbeiten einer Maschine mit einer zweiten etwa gleich großen Maschine. Man kann nur Generatoren mit „fallender" äußerer Kennlinie parallelschalten, d. h. mit einer Klemmspannung, die mit zunehmendem Belastungsstrom absinkt. Daher kann man im allgemeinen Hauptschlußgeneratoren nicht parallelschalten, wohl aber Doppelschlußgeneratoren, wenn man deren Hauptschlußwicklungen mit einer Ausgleichsleistung verbindet, d. h. zu gleicher Stromaufnahme zwingt. Zum Zwecke besseren Parallelarbeitens werden Nebenschlußgeneratoren manchmal mit einer schwachen Gegenverbundwicklung versehen, um ihre äußere Kennlinie stärker „fallend" zu gestalten.

Für das Parallelarbeiten von Motoren sind die Drehzahlkennlinien (Drehzahl in Abhängigkeit von Strom oder Drehmoment) maßgebend; daher arbeiten am besten Hauptschlußmotoren parallel, am schlechtesten Nebenschlußmotoren mit labil verlaufenden Drehzahlkennlinien.

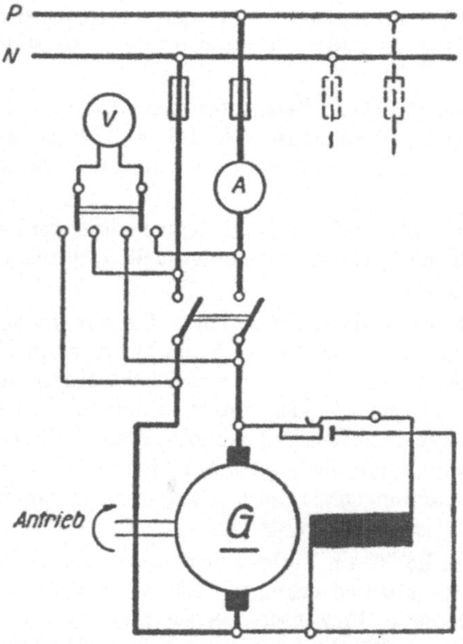

Bild 100. Parallelschaltung einer Gleichstrom-Nebenschlußmaschine zu einem Gleichstromnetz

1. Parallelschalten von Nebenschlußgeneratoren

Soll ein Nebenschlußgenerator zu einem Netz parallel geschaltet werden, so bringt man ihn auf Nenndrehzahl, erregt ihn auf Netzspannung und legt nach Feststellung der Polarität den Hauptschalter ein (Schaltung Bild 100). War der Vergleich der Spannungen richtig, so wird durch den Hauptschalter noch kein Strom fließen.

Soll der Generator belastet werden, so muß man seine Erregung verstärken, damit seine EMK größer wird als die Sammelschienenspannung. Man kann dasselbe auch durch eine Erhöhung der Drehzahl seiner Antriebsmaschine erreichen. Soll der Generator vom Netz abgeschaltet werden, so schwächt man seine Erregung oder verringert die Drehzahl seiner Antriebsmaschine so lange, bis sein Strom null wird, dann kann man den Schalter herausnehmen.

Sind mehrere Generatoren parallel an ein leerlaufendes Netz angeschlossen und belastet man das Netz, so verteilt sich die Last auf die Generatoren verschieden, wenn die äußeren Kennlinien verschieden verlaufen. Stets gibt eine Maschine mit weniger „fallender“ Kennlinie mehr Last ab als eine mit stärker „fallender“. Man sagt, Maschinen mit „weicher“ (stark fallender) Kennlinie werfen die Last ab.

2. Untersuchung des Parallellaufs zweier Gleichstrom-Nebenschlußgeneratoren

Die beiden Maschinen sollen in Parallelschaltung als alleinige Stromquellen ein Verbrauchernetz speisen. Der Spannungszustand des Netzes hängt also ausschließlich von der Spannung der beiden Maschinen ab. Sind die äußeren Kennlinien der beiden parallel geschalteten Maschinen ungefähr gleich, so verteilt sich die Belastung des Netzes gleichmäßig auf die beiden Maschinen. Sind sie ungleich, so nimmt die härtere Maschine mehr Last auf als die weichere.

Schaltung Bild 100. (2 Maschinen in gleicher Schaltung.)

Beschreibung des Versuchs:

Beide Maschinen werden auf gleiche Spannung erregt und parallel geschaltet. Während des ganzen Versuchs sind die Drehzahlen der beiden Maschinen und die Widerstände der Erregerkreise konstant zu halten. Das gemeinsame Netz der beiden Maschinen wird in zunehmendem Maße belastet. Gemessen werden: Spannung U, Netzstrom I_n sowie Belastungsströme I_I, I_{II} und Erregerströme I_{eI}, I_{eII} der beiden Maschinen. Die Spannung U ist in Abhängigkeit von den Strömen I_n, I_I und I_{II} aufzutragen (Bild 101).

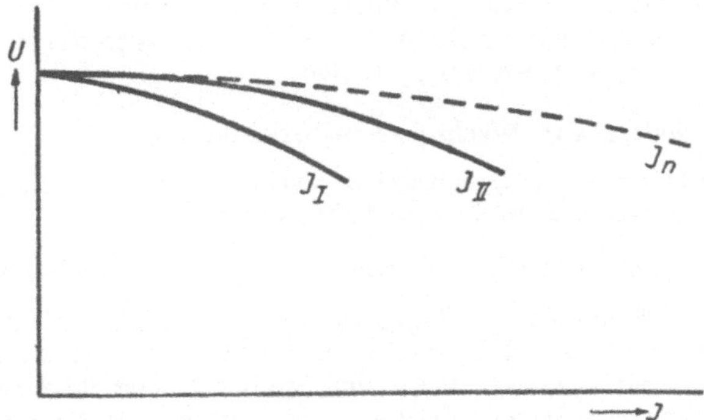

Bild 101. Äußere Kennlinien zweier auf ein Netz arbeitender Gleichstrom-Nebenschlußgeneratoren und äußere Kennlinien des Netzes

3. Aufnahme der Regulierungskurve einer Gleichstrom-Nebenschlußmaschine im Parallelbetrieb zu einem starken Netz

Die Regulierungskurve stellt die Abhängigkeit des Erregerstromes vom Belastungsstrom dar. Man schaltet dabei die mit einer anderen elektrischen Maschine gekuppelte Nebenschlußmaschine parallel zu einem starken Netz konstanter Spannung und hält die Drehzahl konstant. Verstärkt man die Erregung der leerlaufenden Maschine, so liefert sie als Generator Strom in das Netz. Schwächt man die Erregung der leerlaufenden Maschine, so entnimmt sie als Motor dem Netz Strom und treibt die mit ihr gekuppelte Maschine als Generator an.

Schaltung: Bild 100. In den Erregerkreis wird ein Strommesser geschaltet.

Beschreibung des Versuchs:

Die von einer anderen elektrischen Maschine angetriebene Nebenschlußmaschine wird auf Nenndrehzahl gebracht, auf Netzspannung erregt und parallel geschaltet. Während des ganzen Versuchs wird nun die Drehzahl konstant gehalten. Man mißt bei verschiedenen Erregerströmen die Netzspannung sowie Größe und Richtung des Belastungsstromes. Dann trägt man den Belastungsstrom in Abhängigkeit vom Erregerstrom als Regulierungskurve (Bild 102) auf, wobei entsprechend der Stromrichtung Motor- und Generatorbereich zu kennzeichnen sind.

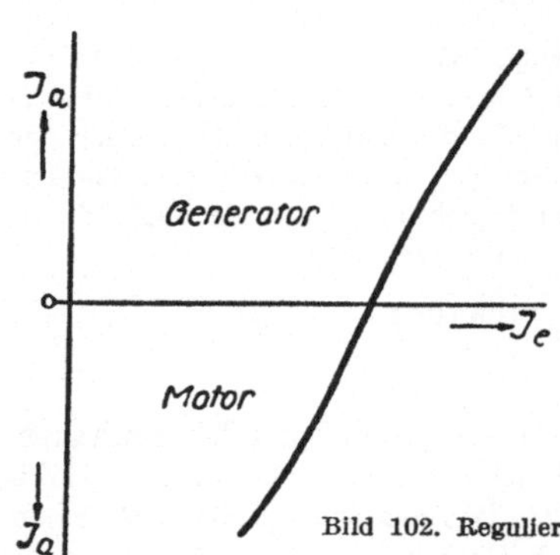

Bild 102. Regulierungskurve einer Gleichstrom-Nebenschlußmaschine

VII. Parallelbetrieb von synchronen Wechselstrommaschinen

Arbeiten mehrere Synchronmaschinen parallel auf ein Netz, so kann man mittels Regelung der Erregungen nur die Blindlastverteilung ändern. Die Wirklastverteilung wird durch Regelung der Antriebs- bzw. Arbeitsmaschinen erreicht, die mit den Synchronmaschinen gekuppelt sind.

1. Parallelschalten von Wechselstrom-Synchronmaschinen

Soll eine Wechselstrom-Synchronmaschine zu einem Wechselstromnetz konstanter Spannung und Frequenz parallel geschaltet werden, so bringt man sie auf die synchrone Drehzahl, die nach der Beziehung $f = \frac{pn}{60}$ genau der Netzfrequenz entspricht, wo f = Frequenz, p = Polpaarzahl, n = minutliche Drehzahl ist. Dann erregt man sie auf Netzspannung und vergleicht nun mittels einer Synchronisiervorrichtung Frequenzen, Spannungen und Spannungsunterschied zwischen Netz und Synchronmaschine[1]). Sind die beiden Spannungen von Netz und Maschine gleich groß und gleichphasig, d. h. ist der Spannungsunterschied in jedem Augen-

[1]) Näheres siehe Dritter Teil, IV, 3.

blick null, dann schaltet man parallel. Besteht zwischen den beiden Spannungsvektoren ein Phasenunterschied, so fließt beim Parallelschalten ein Ausgleichsstrom, der um so größer wird, je größer der Phasenunterschied ist. Bei Mehrphasenmaschinen muß auf die gleiche Phasenfolge der Spannungen im Netz und in der Maschine geachtet werden, was mittels einer mehrphasigen Synchronisiereinrichtung festgestellt werden kann.

2. Versuche an einer parallel zu einem starken Netz arbeitenden Dreiphasen-Synchronmaschine

Man synchronisiert die Synchronmaschine mit dem Netz. Dann belastet man sie als Motor und als Generator, indem man an der Welle Leistung abnimmt oder zuführt. Bei verschiedenen Belastungsströmen wird der Leistungsfaktor konstant gehalten (in Aronschaltung konstantes Verhältnis der Ausschläge der Leistungsmesser), indem man den Erregerstrom entsprechend regelt: Man erhält so die Regulierungskurve $I_e = f(I_a)$, $\cos\varphi = \text{const.}$ Man kann auch den Erregerstrom konstant halten und erhält dann bei verschiedenen Belastungsströmen I_a die Leistungsfaktorkurven $\cos\varphi = f(I_a)$, $I_e = \text{const.}$

Schaltung: Bild 103.

Beschreibung der Versuche:

Die von einer anderen Maschine (etwa einer Gleichstrom-Nebenschlußmaschine) angetriebene Synchronmaschine wird auf Synchrondrehzahl gebracht und auf Netzspannung erregt. Dann wird mit Hilfe der Synchronisiervorrichtung festgestellt, wann die Bedingungen zum Parallelschalten erfüllt sind, und die Maschine zum Netz parallel geschaltet. Die Maschine wird nunmehr durch Leistungsentzug an der Welle (Verstärkung der Erregung der Gleichstrommaschine) als Motor und durch Leistungszufuhr an der Welle (Verringerung der

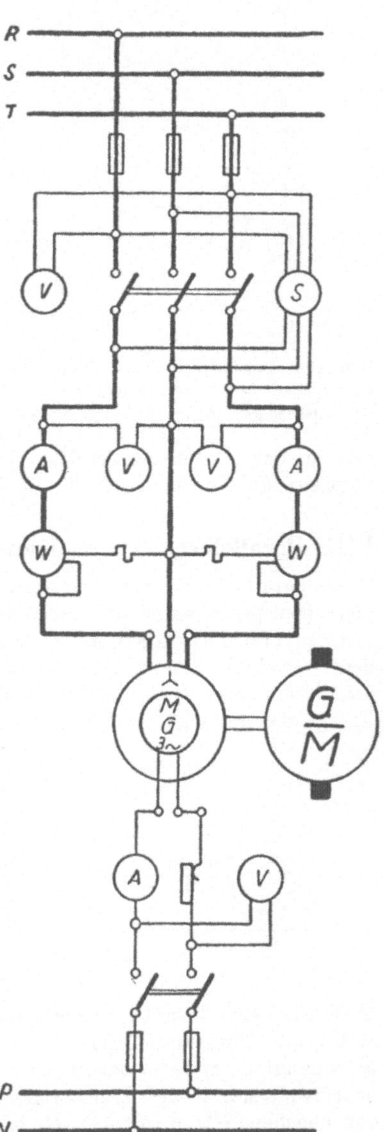

Bild 103. Schaltbild für das Parallelarbeiten einer Dreiphasen-Synchronmaschine zu einem Drehstromnetz

Erregung der Gleichstrommaschine) als Generator belastet. Bei konstanter Netzspannung und Frequenz belastet man die Maschine mit verschiedenen Strömen als Motor und Generator, wobei Netzspannung, Frequenz, Belastungsstrom, elektrische Leistung, Erregerspannung und Erregerstrom gemessen werden. Man fährt nun bei mehreren konstanten Werten I_{e1}, I_{e2}, I_{e3} des Erregerstromes verschiedene Belastungen durch und trägt dann den $\cos\varphi$ in Kurvenform (stark ausgezogene Kurven in Bild 104) in Abhängigkeit vom Belastungsstrom auf. Dann hält man durch Nachregelung des Erregerstromes den $\cos\varphi$ bei verschiedenen Belastungen konstant und trägt in Kurvenform (gestrichelte Kurven in Bild 104) den Erregerstrom I_e in Abhängigkeit vom Belastungsstrom I_a auf, wobei positive Werte von φ nacheilendem, negative voreilendem Belastungsstrom des Generators bzw. Netzstrom des Motors entsprechen. Sinngemäß bedeutet $\varphi = 90°$ voreilenden Blindstrom, d. h. die Maschine arbeitet als Phasenschieber.

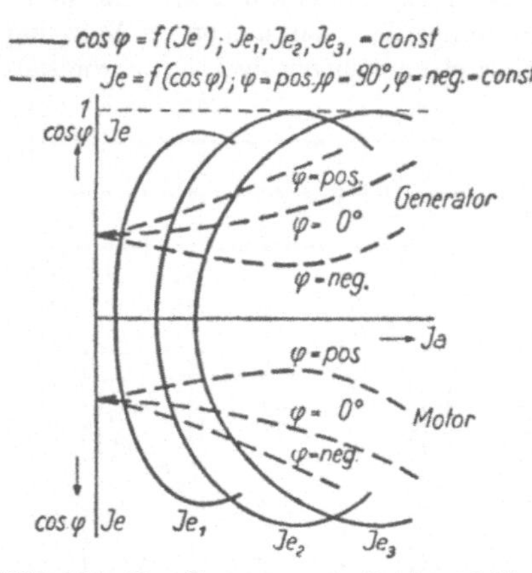

Bild 104. Regulierungs- und Leistungsfaktorkurven einer Synchronmaschine, $\cos\varphi = f(J_e)$ starkausgezogene, $J_e = f(\cos)$ gestrichelteKurven

VIII. Parallelbetrieb von Transformatoren

Unter Parallelbetrieb von Transformatoren versteht man die Energieübertragung von einem primären auf ein sekundäres Wechselstromnetz gleicher Frequenz über mehrere Transformatoren, deren Primärwicklungen an das Primärnetz und deren Sekundärwicklungen an das Sekundärnetz angeschlossen sind. Es muß natürlich gefordert werden, daß die Transformatoren anteilig zu ihren Größen an der Energieübertragung beteiligt sind.

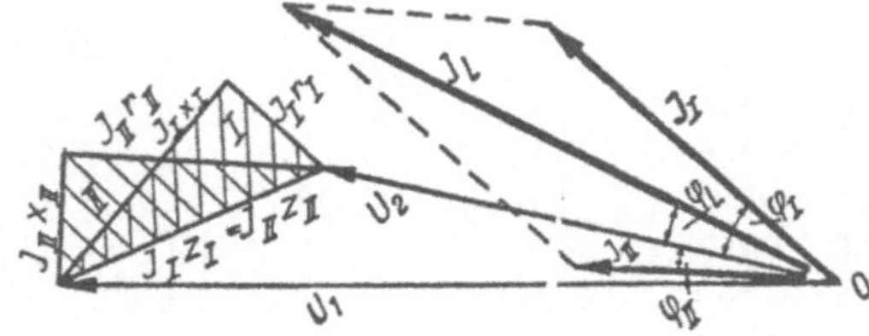

Bild 105. Parallelarbeiten zweier Transformatoren auf eine Last N_L. im Zeigerdiagramm dargestellt

In Bild 105 sind die auf die Primärseite bezogenen Zeigerdiagramme zweier parallel arbeitender Transformatoren dargestellt. U_1 ist die primäre, U_2 die sekundäre Netzspannung, x_I, r_I, z_I bzw. x_{II}, r_{II}, z_{II} bedeuten die induktiven, ohmschen und Scheinwiderstände des Transformators I bzw. II. Da die Transformatoren an den gleichen Netzspannungen U_1 bzw. U_2 liegen, müssen auch die Spannungsabfälle $I_I z_I$ und $I_{II} z_{II}$ gleich groß und gleich gerichtet sein. Größe und Phasenlage des Laststromes I_L hängen von den Belastungsverhältnissen des Netzes ab. Sind die Widerstände x_I und x_{II} sowie r_I und r_{II} verschieden, so stellen sich in den Transformatoren verschieden große Ströme mit verschiedener Phasenlage ein, deren geometrische Summe den Netzstrom ergibt (Bild 105). Für ein gutes Parallelarbeiten von Transformatoren müssen daher die Nennkurzschlußspannungen ungefähr gleich sein. Ist das nicht der Fall, so übernimmt der Transformator mit der geringeren Kurzschlußspannung die größere Last. Man kann Verschiedenheiten in der Kurzschlußspannung durch Vorschalten von Drosseln oder Widerständen (nicht zweckmäßig) ausgleichen. Will man dabei gleiche Phase der Ströme ($\varphi_{2I} = \varphi_{2II}$) erzielen, so muß man $x_I : x_{II} = r_I : r_{II}$ einstellen.

Die Nennkurzschlußspannung eines Transformators wird bekanntlich so gemessen, daß der Transformator bei kurzgeschlossener Sekundärwicklung primär an eine regelbare Spannung angelegt wird, die man so einstellt, daß ein Kurzschlußstrom gleich dem Nennstrom fließt. Mißt man auf der Primärseite Strom I_k, Spannung U_k und Leistung N_k je Phase, so kann man daraus die Phasenverschiebung des Kurzschlußstromes errechnen zu

$$\cos \varphi_k = \frac{N_k}{U_k I_k}. \tag{116}$$

Die Kurzschlußspannung U_k ist die Hypothenuse des Spannungsabfalldreieckes. Das Widerstandsdreieck findet man, indem man die Spannungsabfälle durch den Kurzschlußstrom dividiert. Der Ohmsche Widerstand enthält, auf diese Weise ermittelt, bereits die Stromverdrängung in der Wicklung. Will man sichergehen, so kann man die Widerstände auch noch durch Widerstandsmessung mit Meßbrücke oder durch die Strom-Spannungs-Meßmethode (Anlegen einer Gleichspannung an die Wicklung und Messung von Strom und Spannung) ermitteln.

1. Parallelschalten von Transformatoren

Einen primär an ein Wechselstromnetz angeschlossenen Transformator darf man sekundärseitig nur dann an ein zweites Wechselstromnetz anschließen, wenn beide Netze synchronisiert sind (gleiche Frequenz und Phasenfolge) und Spannungen und Phasenlage der Transformatorschaltung genau entsprechen.
Zwei an ein gemeinsames Primärnetz angeschlossene Transformatoren dürfen also sekundär nur dann parallel geschaltet werden, wenn sie das gleiche Übersetzungsverhältnis haben und der gleichen Schaltgruppe angehören (nach VDE 0532, Tafel I).

2. Messungen an zwei parallel geschalteten Transformatoren

Zwei primär und sekundär parallel geschaltete Transformatoren werden gemeinsam belastet und der Unterschied in der Lastverteilung festgestellt. Zum Ausgleich dieses Unterschiedes kann der „harte“ Transformator mit der geringeren Kurzschlußspannung durch Zuschalten einer Induktivität oder eines Widerstandes „weicher“ gemacht werden.

Schaltung: Bild 106.

Beschreibung des Versuchs:

Nach Messung der Kurzschlußspannungen, der Leerlaufübersetzungsverhältnisse und der Widerstände – die Widerstände kann man auch aus dem Kurzschlußversuch errechnen – werden beide Transformatoren an ein Drehstromnetz angeschlossen. Sie werden sekundärseitig miteinander verbunden und stufenweise belastet. Zu messen sind: Auf der Oberspannungsseite die Spannung sowie die Ströme des Netzes und beider Transformatoren, unterspannungsseitig Transformatorspannungen, -ströme, abgegebene Wirkleistungen und Leistungsfaktoren, ferner Strom und Leistungsfaktor der Last. Die Wirkleistungen N_I und N_{II}, Sekundärströme I_{2I} und I_{2II} und Leistungsfaktoren ($\cos\varphi_{2I}$ und $\cos\varphi_{2II}$) der beiden Transformatoren sowie der Leistungsfaktor der Last ($\cos\varphi_L$) sind in Abhängigkeit vom Laststrom in Kurvenform aufzutragen (Bild 107). Ein Belastungspunkt ist nach Bild 107 mittels eines Zeigerdiagrammes darzustellen. Durch Vorschalten einer Drossel oder eines Widerstandes wird die Kurzschlußspannung des einen Transformators verändert und der Versuch wiederholt, die Ergebnisse wieder in Kurvenform dargestellt.

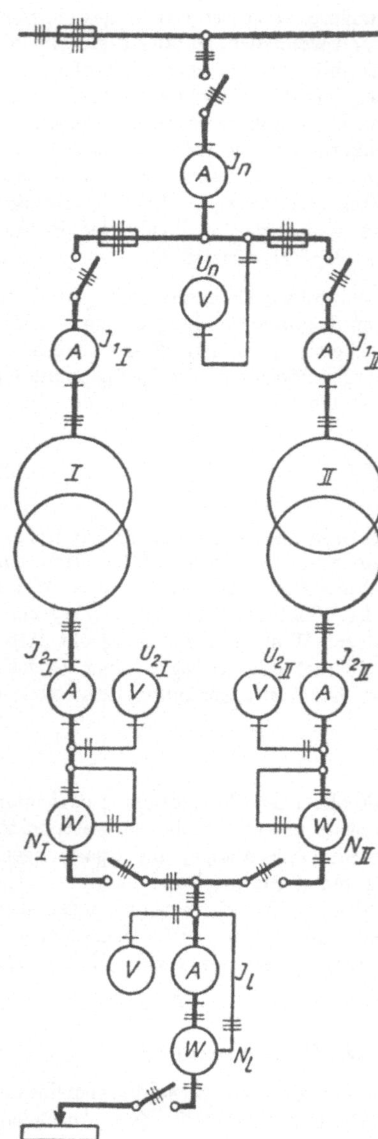

Bild 106. Schaltbild zur Messung der Belastungsverhältnisse zweier parallel geschalteter Transformatoren

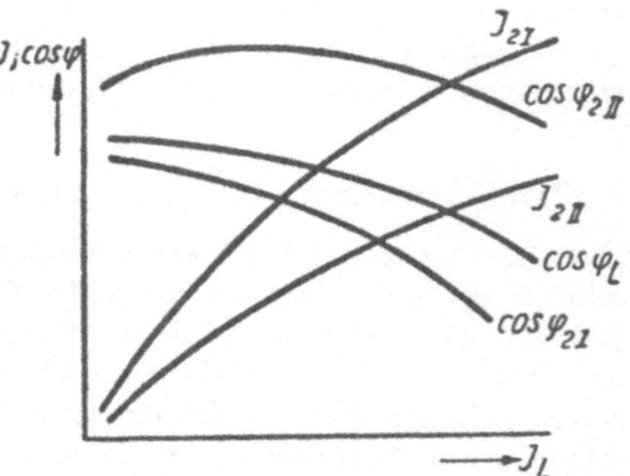

Bild 107. Graphische Darstellung der Belastung zweier parallel geschalteter Transformatoren

IX. Phasenkompensation

1. Blindlastkompensation mit Kondensatorbatterie

Ein Kondensator nimmt aus einem Wechselstromnetz voreilenden (kapazitiven) Strom auf (er liefert induktiven Blindstrom an das Netz). Der Kondensatorstrom ist proportional der Spannung und der Frequenz. Die Leistung ist das Produkt aus Spannung und Strom. Infolgedessen

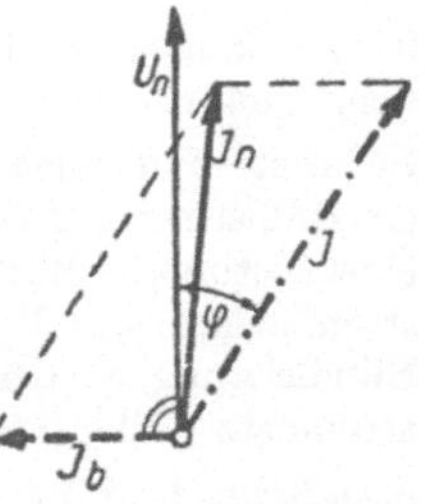

Bild 108. Zeigerdiagramm zur Wirkung einer Kondensatorbatterie auf ein mit dem Strom I belastetes Netz. Der Blindstrom I_b kompensiert den größten Teil der Blindkomponente des Belastungsstromes I, so daß im Netz nur der Strom I_n fließt

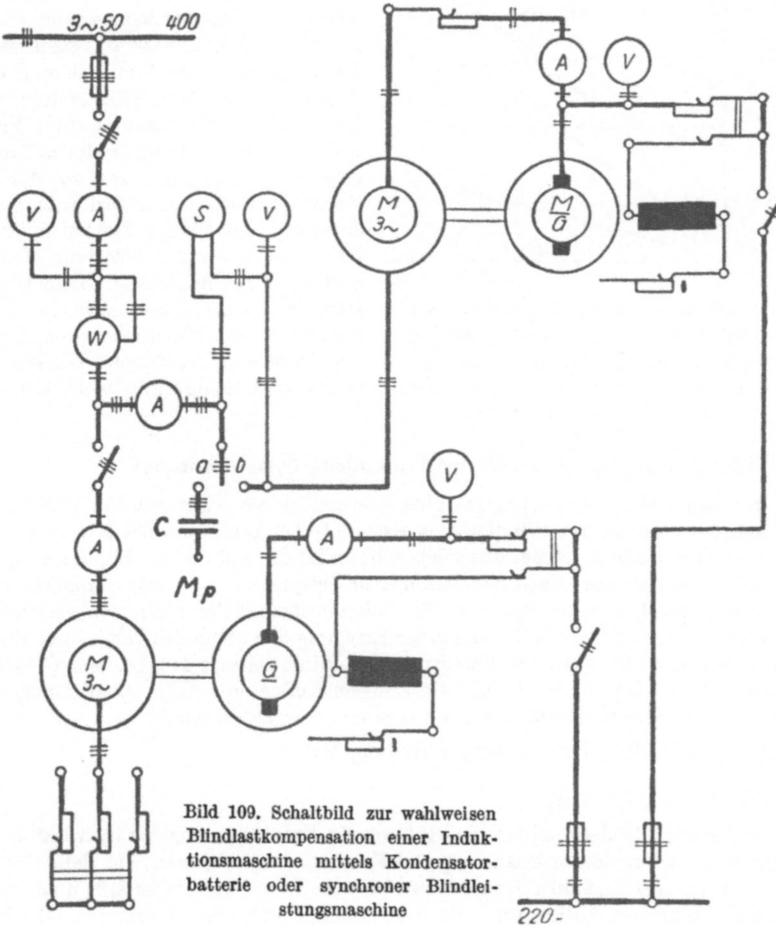

Bild 109. Schaltbild zur wahlweisen Blindlastkompensation einer Induktionsmaschine mittels Kondensatorbatterie oder synchroner Blindleistungsmaschine

ist bei konstanter Frequenz die Blindleistung eines Kondensators proportional dem Quadrat der Spannung.

Schaltet man einen Kondensator parallel zu einem Blindstromverbraucher an ein Drehstromnetz konstanter Spannung und Frequenz, so liefert der Kondensator eine bestimmte Blindleistung, die teilweise oder ganz zur Deckung des Blindstrombedarfs des Verbrauchers verwendet wird. Liefert der Kondensator mehr Blindleistung, als der Verbraucher anfordert, so fließt der Überschuß in das Drehstromnetz (Bild 108).

Schaltung: Bild 109 (Umschalter in Stellung a).

Beschreibung des Versuchs:

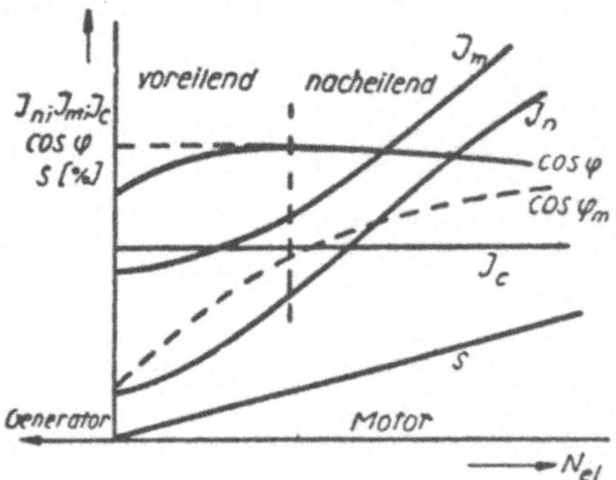

Bild 110. Maschinenstrom (I_m), Kondensatorstrom (I_c), Netzstrom (I_n), cos φ und Schlupf (s) in Abhängigkeit von der Belastung einer parallel zu einer Kondensatorbatterie auf ein Netz arbeitenden Induktionsmaschine

Eine mit einer Gleichstrommaschine gekuppelte Induktionsmaschine wird an ein Drehstromnetz angeschlossen. Parallel zu ihr schließt man einen Kondensator C an. Man belastet nun bei konstanter Drehspannung und Frequenz die Induktionsmaschine mit verschiedenen Leistungen erst als Motor, dann als Generator. Dabei mißt man Leistung, Netzstrom, Netzspannung, Kondensatorstrom, Maschinenstrom und ermittelt den cos φ. Dann trägt man in Abhängigkeit von der Belastung N_{el} auf: Maschinenstrom, Kondensatorstrom, Netzstrom, Leistungsfaktor und Schlüpfung (Bild 110).

2. Blindlastkompensation mit leerlaufendem Synchronmotor

Bei der übererregten Synchronmaschine läßt sich durch Änderung der Erregung die dem Netz zugeführte Blindleistung regeln. Dabei kann man die Maschine als Motor auch leer laufen lassen. Ein solcher Motor ist dann ein reiner Blindleistungserzeuger. Schaltet man einen Synchronmotor beispielsweise zu einer Induktionsmaschine parallel, so kann man den Blindleistungsbedarf der Induktionsmaschine decken und durch geeignete Regelung der Erregung den cos φ des Netzes auf Eins halten. Befindet sich am Aufstellungsorte der Blindleistungsmaschine ein Gleichstromnetz, so kann man die Blindleistungsmaschine mit Hilfe ihrer Erregermaschine anlassen und mit dem Drehstromnetz synchronisieren.

Schaltung: Bild 109 (Umschalter in Stellung b).

Beschreibung des Versuchs:

Eine mit einer Gleichstrommaschine gekuppelte Induktionsmaschine wird an ein Drehstromnetz konstanter Spannung und Frequenz angeschlossen. Mit demselben Netz wird ein leer laufender Synchronmeter synchronisiert. Dabei läßt man den Synchronmotor mit Hilfe seiner Erregermaschine und eines passenden Gleichstromnetzes an. Nach der Synchronisierung und Parallelschaltung trennt man die Erregermachine vom Gleichstromnetz ab und erregt mit ihr den Synchronmotor. Man belastet nun die Induktionsmaschine mit verschiedenen Leistungen erst als Motor, dann als Generator und regelt dabei die Erregung des Synchronmotors so, daß die aus dem Drehstromnetz aufgenommene Leistung eine reine Wirkleistung wird ($\cos \varphi = 1$). Man trägt in Abhängigkeit von der Aufnahme Netzstrom, Strom der Induktionsmaschine, Schlüpfung der Induktionsmaschine, Strom und Leistung des Synchronmotors und Erregerstrom auf (Bild 111).

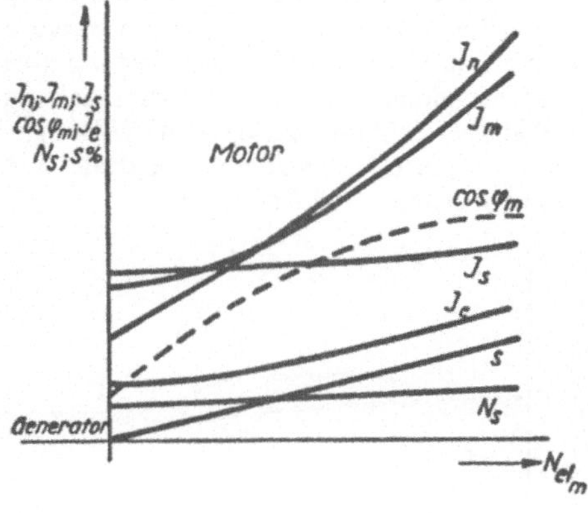

Bild 111. Motorstrom (I_m), $\cos \varphi_m$ und Schlupf (s) einer Induktilonsmaschine sowie Strom (I_s), Erregerstrom (I_e) und Leistung (N_s) eines parallel geschalteten leer laufenden Synchronmotors und Netzstrom (I_n) des gemeinsamen Netzes in Abhängigkeit von der Leistungsaufnahme (N_{el_m}) des Induktionsmotors

X. Parallelbetrieb des Einankerumformers mit einem starken Drehstromnetz

Nach dem Anlassen und Synchronisieren mit dem Drehstromnetz kann der Umformer gleichstromseitig belastet werden. Er kann dabei auch auf ein starkes Gleichstromnetz arbeiten, darf jedoch nie dazu benutzt werden, Gleichstrom in Drehstrom umzuwandeln, d. h. vom Gleichstromnetz Energie in das Drehstromnetz zu liefern, weil bei einem Kurzschluß auf der Drehstromseite das Erregerfeld so geschwächt werden kann, daß der Umformer durchgeht. Bei einer solchen Netzkupplung muß also stets eine besondere Sicherheitseinrichtung (beispielsweise ein eingebautes Fliehkraftrelais, das die Schalter auslöst) vorhanden sein, die den Umformer abschaltet, wenn seine Drehzahl ansteigt. Man erregt gewöhnlich auf $\cos \varphi = 1$. Auf Pendelerscheinungen ist ebenfalls zu achten. Weicht die Kurvenform der Spannung des Drehstromnetzes stark von der des Umformers ab, so kann u. U. ein Parallellauf unmöglich werden. In solchen Fällen können mit einer vorgeschalteten Drossel die Pendelerscheinungen beruhigt werden, doch geht das auf Kosten der Erregung des Umformers.

1. Aufnahme der charakteristischen Kennlinien eines Einankerumformers

Das Übersetzungsverhältnis ändert sich etwas mit der Belastung, weil die Spannungsabfälle die Gleichspannung mit zunehmender Belastung vermindern. In bezug auf den Blindstrom kann man beim Einankerumformer ebenso wie beim Synchronmotor V-Kurven aufnehmen.

Schaltung: Bild 112.

Beschreibung: des Versuchs

An einem (dreiphasigen) Einankerumformer sind bei konstanter Erregung Wechselspannung und Frequenz, Gleichspannung, Wirkungsgrad und $\cos\varphi$ in Abhängigkeit von der Gleichstrombelastung zu bestimmen und in Kurvenform aufzutragen (Bild 113). Dann sind bei demselben Umformer für eine konstante Gleichstrombelastung (bei konstanter Gleichspannung) Wechselstromaufnahme, Übersetzungsverhältnis, Leistungsfaktor und Wirkungsgrad in Abhängigkeit vom Erregerstrom zu ermitteln und in Kurvenform aufzutragen (Bild 114).

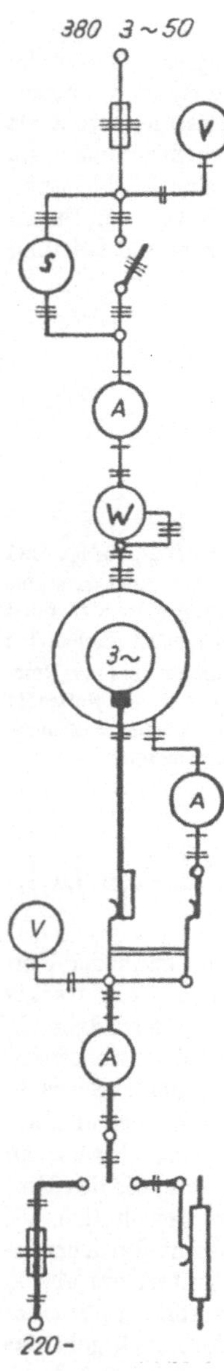

Bild 112. Schaltbild eines Einankerumformers für die Kupplung eines Drehstromnetzes mit einem Gleichstromnetz und Anlassen von der Gleichstromseite aus

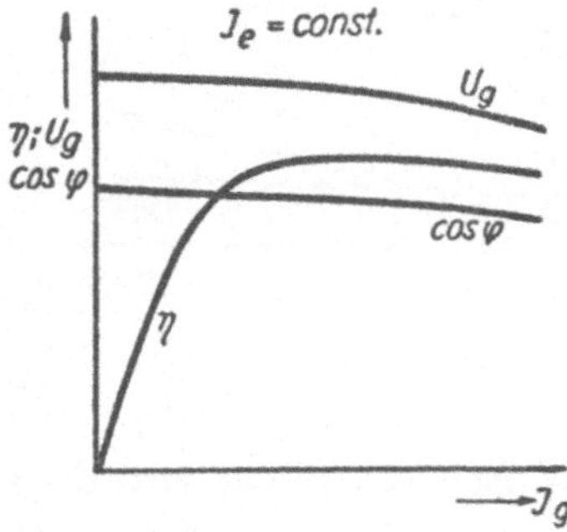

Bild 113. Gleichspannung U_g, Wirkungsgrad η und Leistungsfaktor $\cos\varphi$ eines Einankerumformers in Abhängigkeit vom Belastungsgleichstrom I_g bei konstantem Erregerstrom dargestellt

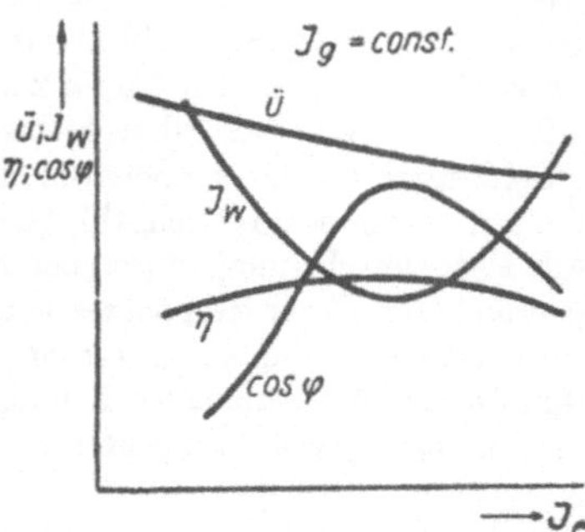

Bild 114. Übersetzungsverhältnis $ü$, Wechselstrom I_w, Wirkungsgrad η und Leistungsfaktor $\cos\varphi$ in Abhängigkeit vom Erregerstrom I_e eines Einankerumformers bei konstanter Gleichstromlast

SECHSTER TEIL

Prüfen elektrischer Maschinen und Transformatoren

I. Allgemeines

Die Prüfung einer elektrischen Maschine oder eines Transformators dient zur Feststellung, ob die im Rahmen der Toleranzen gewährleisteten, meist aus dem Leistungsschild ersichtlichen Angaben unter den vom Verband Deutscher Elektrotechniker aufgestellten Bedingungen auch wirklich zutreffen.
Diese Prüfung muß daher mit einer solchen Genauigkeit durchgeführt werden, daß etwaige die Toleranzen überschreitende Abweichungen von den Sollwerten deutlich erkennbar sind. Dementsprechend müssen die verwendeten Meßgeräte eine solche Meßgenauigkeit besitzen, daß der mögliche Gesamtfehler ihrer Anzeigen innerhalb der Toleranz liegt. Es dürfen daher nur Präzisions-Prüffeldgeräte zur Messung verwendet werden, die vor und nach der Messung an besonderen Eichgeräten geeicht werden müssen. Alle Prüfungen müssen so durchgeführt werden, daß dabei die Voraussetzungen des Betriebes voll eingehalten werden.

In den „Regeln für elektrische Maschinen" VDE 0530/7.55 sind unter „IV. Bestimmungen" die Prüfungsvorschriften für elektrische Maschinen festgelegt. Diese erstrecken sich auf Allgemeines, Isolierstoffe, Erwärmung, mechanische und elektrische Belastbarkeit, Nachweis des Isoliervermögens, Wirkungsgrad und Verluste, Spannung und Spannungsänderung, Drehsinn und Drehzahl, Ursprungszeichen und Schilder sowie Toleranzen.

In den „Regeln für Transformatoren" VDE 0532/7.55 sind unter „IV. Prüfbestimmungen" Allgemeines, Nachweis des Isoliervermögens, Erwärmungsmessungen, sonstige Messungen und Prüfungen sowie Toleranzen enthalten.
Im elektrotechnischen Praktikum kann vorausgesetzt werden, daß Schutzmaßnahmen, Funk-Entstörung, Isoliervermögen, Kurzschlußfestigkeit, mechanische Festigkeit, Drehsinn und Drehzahl bereits geprüft sind. Die Prüfung kann also auf folgende Messungen beschränkt bleiben:

Bei Maschinen: Erwärmung (§§ 33...37), Anlauf (§ 39), Überlastbarkeit (§ 40), Kommutierung und Stromabnahme (§ 41), Wirkungsgrad und Verluste (§§ 49...62), Spannung und Spannungsänderung (§§ 12, 63...65); bei Transformatoren: Verluste (§§ 49, 50), Erwärmung (§§ 51...54), Nachweis der Übersetzung und Schaltgruppe (§ 55), Kapazität (§ 56).

Die „Regeln für elektrische Maschinen" unterscheiden sechs Nennbetriebsarten (VDE 0530/7.55 § 18), auf die fallweise die Erwärmungs- und Wirkungsgradprüfungen auszurichten sind.

a) *Dauerbetrieb* (*DB*). Die Betriebsdauer ist so lang, daß die Beharrungstemperatur praktisch erreicht wird.

b) *Kurzzeitbetrieb* (*KB*). Die vereinbarte Betriebsdauer bei Nennleistung ist so kurz, daß die Beharrungstemperatur nicht erreicht wird. In der langen Pause, während der die Maschine nicht unter Spannung steht, muß die Maschine praktisch auf Kühlmitteltemperatur abgekühlt sein.

c) *Durchlaufbetrieb mit Kurzzeitbelastung* (*DKB*). Die vereinbarte Belastungsdauer mit Nennleistung ist so kurz, daß die Beharrungstemperatur nicht erreicht wird. Die Pause, in der die Maschine leerläuft, ist so lang, daß die Maschine praktisch auf ihre Leerlauf-Endtemperatur abkühlt.

d) *Aussetzbetrieb* (*AB*). Einschaltzeiten mit Nennleistung wechseln mit Pausen, in denen die Maschine spannungslos ist. In den kurzen Pausen kann die Maschine nicht auf Kühlmitteltemperatur abkühlen.

e) *Durchlaufbetrieb mit Aussetzbelastung* (*DAB*). Belastungszeiten mit Nennleistung wechseln mit Leerlaufpausen ab, die so kurz sind, daß die Maschine nicht auf ihre Endtemperatur bei Leerlauf abkühlt.

Für die Belastungsarten *AB* und *DAB* beträgt die Spieldauer (Summe aus Belastungsdauer und Pause), wenn nicht anders vereinbart, 10 Minuten.

f) *Schaltbetrieb.* Sonderfall, bei dem die Erwärmung durch eine regelmäßige oder unregelmäßige Folge von Anlauf, Bremsung und Umschaltung bestimmt ist. Im Durchlaufschaltbetrieb *(DSB)* treten spannungslose Pausen praktisch nicht auf. Im Aussetzschaltbetrieb *(ASB)* treten auch Pausen ein, in denen die Maschine spannungslos ist, aber nicht auf die Temperatur des Kühlmittels abkühlen kann.

Die „Regeln für Transformatoren“ (VDE 0532/7.55 § 26 unterscheiden zwei Betriebsarten:

a) *Dauerbetrieb* (*DB*). Die Betriebsdauer bei Nennbetrieb ist beliebig lang.

b) *Kurzzeitbetrieb* (*KB*). Die zu vereinbarende Betriebsdauer bei Nennbetrieb ist so kurz, daß die Beharrungs-Übertemperatur nicht erreicht wird.

„Nennbetrieb“ ist der auf dem Leistungsschild angebene Betrieb. Er wird bei Maschinen mit Nennleistung, Nennspannung, Nennstrom, Nennfrequenz, Nennleistungsfaktor, Nenndrehzahl, Nennerregerspannung, Nennspieldauer, Nenneinschaltdauer, Nennschalthäufigkeit gekennzeichnet. Bei Transformatoren bezieht er sich bei Betriebsart DB bzw. KB auf Nennspannung auf der Aufnahmeseite, Nennstrom auf der Abagbeseite, Nennfrequenz.

II. Erwärmung

1. Erwärmungskurve

Wird in einem homogenen Körper vom Gewicht G (kg), einer Abkühloberfläche F (cm²) und einer Spezifischen Wärme $c\left(\frac{W_{\min}}{\text{kg}}\,{}^\circ\text{C}\right)$ dauernd die Wärmemenge Q (Watt) entwickelt, so erwärmt er sich in der Zeit Δt (min) auf die Übertemperatur ϑ (° C), wobei er einen Teil der Wärme $\left(Gc\,\frac{\Delta\vartheta}{\Delta t}\right)$ in sich speichert und den anderen Teil $(\varepsilon F\vartheta)$ an die Umgebung (Kühlmittel) abgibt. $\varepsilon\left(\frac{\text{Watt}}{\text{cm}^2\,{}^\circ\text{C}}\right)$ bedeutet einen kombinierten Wärmeabgabewert, der sich aus dem Wärmeleitwert λ (W/cm° C), der

Weglänge des Wärmestromes im Körper l (cm) und dem durch die Abkühlungsverhältnisse bedingten Wärmeaustrittswert α_k ($W/\text{cm}^2\,°\,\text{C}$) nach folgender Gleichung ergibt:

$$\varepsilon = \frac{\alpha_k \lambda}{\alpha_k l + \lambda}. \tag{117}$$

Der Erwärmungsvorgang folgt dann der Differentialgleichung:

$$Q\,dt = G\,c\,d\vartheta + \varepsilon F \vartheta\,dt. \tag{118}$$

Die Übertemperatur des Körpers im Beharrungszustand ist $\Theta = \frac{Q}{\varepsilon F}$. Dividiert man Gl. (118) durch $\varepsilon F dt$ und bezeichnet den Ausdruck $\frac{G c}{\varepsilon F} = T$ als „Zeitkonstante" (min), so kann man auch schreiben:

$$\Theta = T \frac{d\vartheta}{dt} + \vartheta. \tag{119}$$

T ist praktisch eine Konstante, weil man die Größen G, c, ε und F als praktisch konstant bezeichnen kann. Die Integration der Gl. (119) ergibt für $e = 2{,}71828\ldots$:

$$\vartheta = \Theta\left(1 - e^{-\frac{t}{T}}\right). \tag{120}$$

In Bild 115 ist die Kurve dieser Gleichung mit den Ordinaten ϑ über den Abszissen t dargestellt. Für $t/T > 5$ wird $e^{-\frac{t}{T}}$ praktisch Null, also $\vartheta = \Theta$, d. h. nach einer Zeit von fünf Zeitkonstanten ist praktisch die Endübertemperatur erreicht.

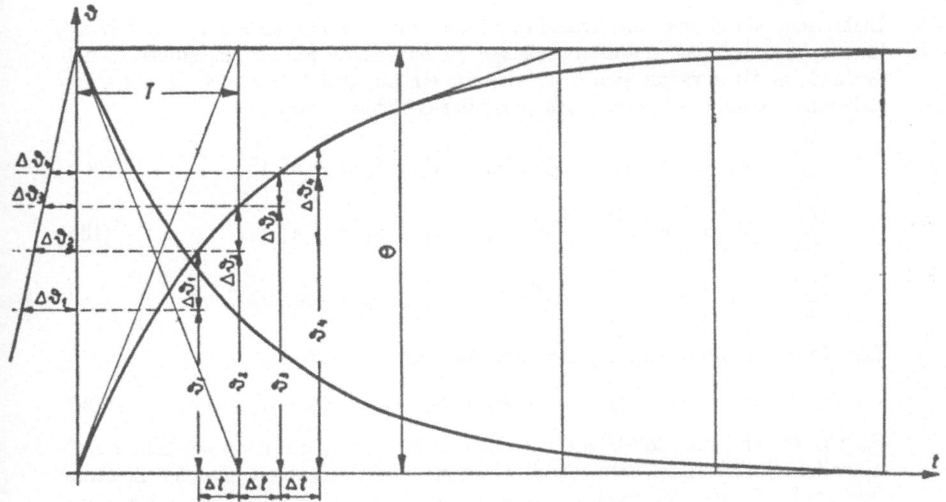

Blid 115. Ewärmungs- und Abkühlungskurve eines homogenen Körpers

Die Tangentengleichung dieser Kurve ergibt sich aus Gl. (119):

$$\frac{d\vartheta}{dt} = \frac{\Theta - \vartheta}{T}. \tag{121}$$

In dieser Gleichung ist T die konstante Subtangente der Kurve. Setzt man an Stelle des Differentialquotienten $d\vartheta/dt$ den Differenzialquotienten $\triangle\vartheta/\triangle t$, so ergibt sich in Bild 115 eine einfache Konstruktion zur Ermittlung der Endübertemperatur Θ. Man bildet für gleiche Zeitabstände $\triangle t$ die Temperaturdifferenzen $\triangle\vartheta$ und trägt sie über die Temperaturen ϑ auf. Dann liegen die Endpunkte dieser Strecken auf einer Geraden, die die Ordinatenachse im Punkte $\vartheta = \Theta$ schneidet. Diese Konstruktion ist in VDE 0532 § 53 für die Bestimmung der Endübertemperatur des Eisenkernes und des Öles bei Transformatoren angegeben.

Stellt man die Wärmeentwicklung des Körpers ein, so kühlt er von seiner Übertemperatur Θ allmählich bis auf die Umgebungstemperatur ab. Da die entwickelte Wärmemenge Null ist, gilt jetzt die Differentialgleichung:

$$0 = G\,c\,d\vartheta + \varepsilon F \vartheta\, dt \tag{122}$$

und ihre Integration ergibt:

$$\vartheta = \Theta\, e^{-\frac{t}{T}}. \tag{123}$$

Ihre Tangentengleichung wird:

$$\frac{d\vartheta}{dt} = -\frac{\vartheta}{T}, \tag{124}$$

also wieder eine konstante Subtangente. Die Abkühlungskurve ist einfach die gespiegelte Erwärmungskurve, wenn ε den gleichen Wert hat wie bei der Erwärmung (Bild 115).

Elektrische Maschinen und Transformatoren sind Mehrkörpersysteme, weil Wicklungen, Eisenkörper, gefüllter Ölkessel je besondere Körper darstellen. Nach *Gerhard Bach*[1]) erwärmt sich beispielsweise ein aus den Körpern A, B und C bestehendes Dreikörpersystem nach folgender Gleichungsgruppe:

$$\begin{aligned}
\frac{\vartheta_a}{\Theta_a} &= A_1\left(1 - e^{-\frac{t}{T_1}}\right) + A_2\left(1 - e^{-\frac{t}{T_2}}\right) + A_3\left(1 - e^{-\frac{t}{T_3}}\right)\\
\frac{\vartheta_b}{\Theta_b} &= B_1\left(1 - e^{-\frac{t}{T_1}}\right) + B_2\left(1 - e^{-\frac{t}{T_2}}\right) + B_3\left(1 - e^{-\frac{t}{T_3}}\right)\\
\frac{\vartheta_c}{\Theta_c} &= C_1\left(1 - e^{-\frac{t}{T_1}}\right) + C_2\left(1 - e^{-\frac{t}{T_2}}\right) + C_3\left(1 - e^{-\frac{t}{T_3}}\right).
\end{aligned} \tag{125}$$

Die Konstanten-Summe in jeder Gleichung ist Eins, also:

$$A_1 + A_2 + A_3 = B_1 + B_2 + B_3 = C_1 + C_2 + C_3 = 1, \tag{126}$$

Θ_a, Θ_b, Θ_c sind die End-Übertemperaturen, ϑ_a, ϑ_b, ϑ_c die nach der Zeit t auftretenden Übertemperaturen der drei Körper über Umgebung und die Zeitkonstanten T_1, T_2 und T_3 ergeben sich aus dem Zusammenwirken der drei Körper.

[1]) *Gerhard Bach*, über die Erwärmung des n-Körper-Systems. A.f.E. XXVII. 1933, S. 749 - - - 760.

Je eine Gleichung gilt für je einen Körper. Sie enthält, allgemein betrachtet, stets so viele Erwärmungskurven, wie das System Körper. Diese Erwärmungskurven überlagern sich im Verhältnis ihrer Konstanten (z. B. $A_1 : A_2 : A_3$) zu einer resultierenden Erwärmungskurve. In Bild 116 ist diese Überlagerung für den

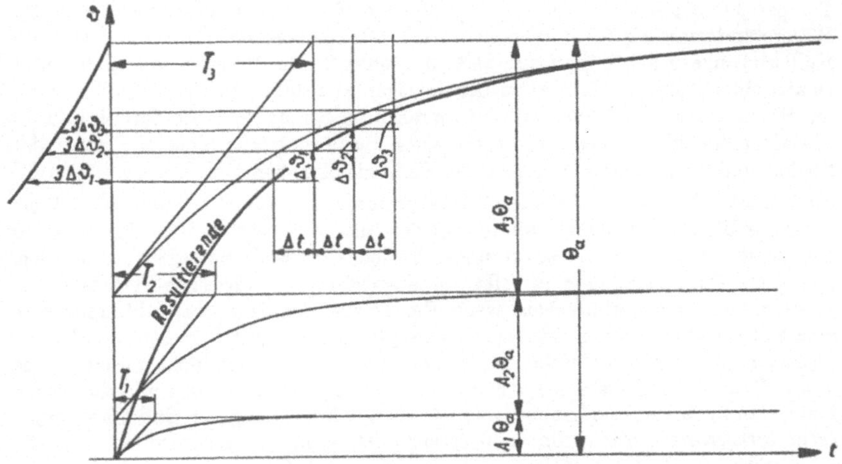

Bild 116. Erwärmung eines Dreikörpersystems

Körper A dargestellt. Für die Körper B, C usw. ergeben sich ähnliche Kurven nach den betreffenden Gleichungen. Für $T_1 < T_2 < T_3$ geht die resultierende Kurve nach $t/T_2 = 5$ in die einfache Erwärmungskurve des Einkörpersystems über, weil dann die ersten beiden Glieder der Gleichung bereits die Endordinaten A_1 und A_2 erreicht haben. Trägt man jetzt für gleiche Zeitabstände Δt die Temperaturdifferenzen $\Delta\vartheta$ über der Temperatur ϑ (resultierende Kurve) auf, so liegen die Endpunkte der Strecken $\Delta\vartheta$ auf einer Kurve, die sich nach der Zeit $t = 5\,T_2$ in eine Gerade streckt, die die Ordinatenachse im Temperaturpunkte Θ_a schneidet und erhält so die Endübertemperatur des Körpers A.

2. Erwärmungsprobe

Sie dient zur Nachprüfung, ob alle Teile der elektrischen Maschine oder des Transformators im gewährleisteten Nennbetriebe die nach VDE 0530 § 33 bzw. VDE 0532 § 40 zulässigen Grenz-Übertemperaturen nicht überschreiten, wobei die Kühlmitteltemperatur bei Maschinen weniger als 40° C, bei Transformatoren weniger als 35° C betragen muß. Bei Maschinen kommt dazu noch ein Erfahrungszuschlag (5...15° C), der den Unterschied zwischen der Temperatur an der heißesten Stelle der Wicklung und der praktisch meßbaren Wicklungstemperatur berücksichtigt.

Die Temperaturen der während des Betriebes zugänglichen Teile werden mit Thermometern gemessen. Die mittleren Wicklungs-Übertemperaturen Θ errechnet man aus Widerstandsmessungen vor Beginn und nach Abschalten der Belastung aus der Widerstandszunahme nach der Gleichung:

$$\Theta = \frac{R_w - R_k}{R_k}(235 + \vartheta_k) + \vartheta_k - \vartheta_{k\ddot{u}}. \tag{127}$$

Es bedeuten R_k Widerstand der kalten, R_w der warmen Wicklung in Ohm, ϑ_k Temperatur der kalten Wicklung und $\vartheta_{k\ddot{u}}$ die Kühlmitteltemperatur in ° C. Die Widerstandsmessung führt man meist mit Gleichstrom und -spannung aus. Bei Kollektorankern achte man auf Seite 6, Punkt 2. Die Messung mit eingebauten elektrischen Thermometern kann bei richtiger Anordnung (heißeste Stellen) auch die Höchstwerte der Temperaturen ergeben. Stets achte man darauf, daß die Thermometer kleine Zeitkonstanten, gute Berührung mit den zu messenden Stellen und gute Isolierung gegen das Kühlmittel haben.

Sind in einer Maschine oder einem Transformator an geeigneten Stellen der Wicklung, des Blechpaketes usw. ständig mit der Außenwelt verbundene Thermometer eingebaut, so kann die Erwärmungskurve jedes dieser Teile registriert werden, und man kann nach dem in Bild 115 angegebenen Differenzen-Verfahren den Erwärmungsversuch abbrechen, wenn die Kurve der Temperaturdifferenzen in eine Gerade übergegangen ist. Das gleiche gilt auch für den Ölkessel eines Transformators (Thermometertasche). Sind derartige Einrichtungen nicht vorhanden, so daß z. B. die Wicklungstemperatur nur mit Widerstandsmessung ermittelt werden kann, dann soll der Erwärmungsversuch bis zur Erreichung der End-Übertemperatur fortgesetzt werden, die dann erreicht ist, wenn sie um nicht mehr als 2° je Stunde ansteigt.

Für die Widerstandsmessung muß erst die Last ab- und dann die Meßeinrichtung eingeschaltet werden. Dauert es von der Abschaltung der Last bis zur ersten Messung länger als zwei Minuten, so muß eine Extrapolation auf den Abschalt - Augenblick vorgenommen werden. Das geschieht zweckmäßig so, daß weiter in gleichen Zeitabständen Widerstandsmessungen durchgeführt werden, deren Ergebnisse man nach Bild 117 in einer Widerstands-Zeit-Kurve aufträgt. Man extrapoliert diese Kurve rückwärts bis zum Ausschalt-Augenblick, was möglich ist, wenn man die den Zeitintervallen $\triangle t$ entsprechenden Widerstandsdifferenzen $\triangle R$ in Abhängigkeit von den Widerstandswerten R als Abszissen aufträgt. Die Endpunkte dieser Strecken liegen dann auf einer Geraden, mit deren Hilfe man sehr genau die Widerstandsdifferenz zwischen Ausschaltzeit und erster Widerstandsmessung findet, indem

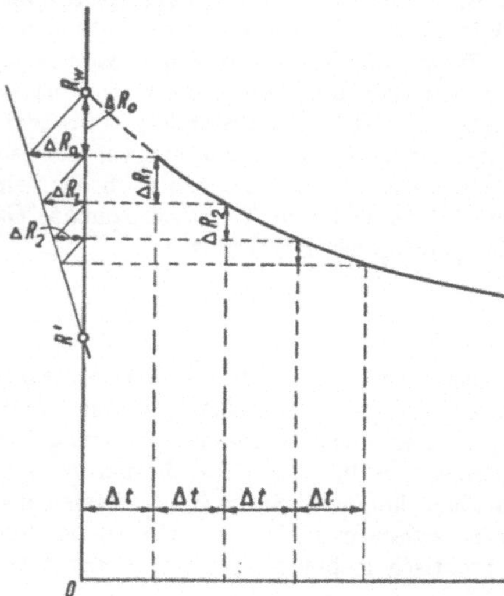

Bild 117. Bestimmung des Widerstandes beim Abschalten aus der Widerstands-Zeit-Kurve

man von dieser ersten Widerstandsordinate eine Parallele zur Abszissenachse (Zeit) zieht. Der Abschnitt zwischen Ordinatenachse und Hilfsgerade ist die gesuchte Widerstandsdifferenz $\triangle R_0$. Die Widerstand-Zeit-Kurve ist nämlich eine Abkühlungskurve, deren konstanter Subtangente die Konstruktion der Hilfsgeraden in Bild 117 entspricht. Der Schnittpunkt R'_w der Hilfsgeraden mit der Ordinatenachse entspricht dem Temperaturpunkt $\vartheta_{küh}$, auf den die Wicklung nach der Zeit $t/T = \infty$ abkühlen kann.

Als Übertemperatur einer Wicklung gilt der höhere der beiden Werte, die sich ergeben aus:

a) mittlerer Übertemperatur, errechnet aus der Widerstandszunahme,

b) örtlicher Übertemperatur, gemessen mit Thermometer an der vermutlich heißesten zugänglichen Stelle.

III. Leerlauf

1. Leerlaufmessungen

Sie dienen bei elektrischen Maschinen zur Bestimmung der Leerverluste (Eisen- und Reibungsverluste), des Leerlauf-Erregerstromes (und dessen Verlusten) sowie des Schwungmoments. Bei Transformatoren dienen sie zur Bestimmung der Leerlaufverluste und des Leerlaufstromes. Maschinen, wie Transformatoren werden dabei mit Nennspannung leerlaufend betrieben, Wechselstrommaschinen und Transformatoren mit Nennfrequenz, Gleichstrommaschinen mit Nenndrehzahl, Synchronmaschinen dabei auf geringste Stromaufnahme erregt. Als Leerlaufverlust gilt die Leistungsaufnahme bei Leerlauf, Leerverlust ist dieser Wert abzüglich der Stromwärme- und gegebenenfalls der Erregungsverluste.

Die Leerlaufleistung bestimmt man nach einem der drei Verfahren:

a) *Motorverfahren.* Die Maschine wird leerlaufend als Motor betrieben, die Leistung ihr elektrisch zugeführt.

b) *Generatorverfahren.* Die Maschine wird mittels einer geeichten Hilfsmaschine (Pendelmaschine) angetrieben, die Leistung ihr über die Welle mechanisch zugeführt.

c) *Auslaufverfahren.* Die Maschine läuft leer von einer Überdrehzahl (10...20% über Nenndrehzahl) aus. Sie wird so fremderregt, daß sie bei Nenndrehzahl Nennspannung erzeugt. Die Drehzahl wird in gleichen Zeitabständen gemessen und in Abhängigkeit von der Zeit als „Auslaufkurve" (Bild 118) aufgetragen. Ist das Schwungmoment bekannt, so kann der Leerverlust aus der Drehzahländerung je Zeiteinheit bei Nenndrehzahl errechnet werden. Aus dem Auslauf ohne Erregung kann man ebenso die Reibungsverluste bestimmen.

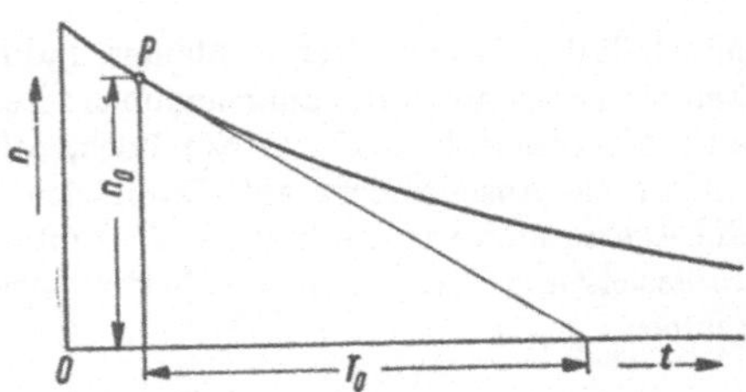

Bild 118. Auslaufkurve zur Bestimmung des Gd^2

Eine Trennung der Leerverluste in Reibungs- und Eisenverluste kann

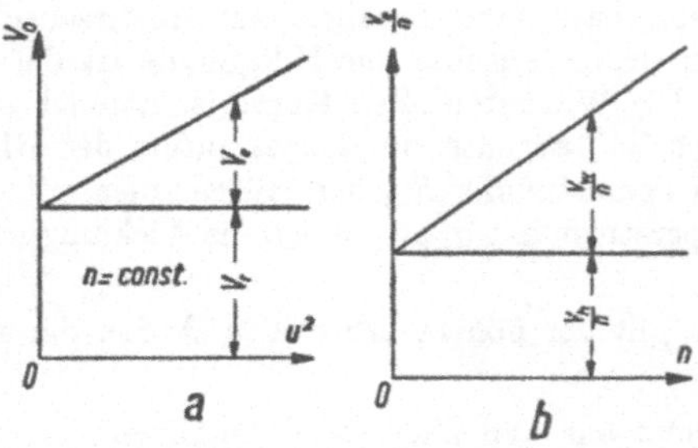

Bild 119a. Trennung der Leerverluste in Reibungs- und Eisenverluste

Bild 119b. Trennung der Eisenverluste in Hysterese- und Wirbelsturmverluste

durchgeführt werden, indem man bei konstanter Drehzahl für verschiedene Spannungen die Leerverluste bestimmt und sie in Abhängigkeit vom Quadrat der Spannung U aufträgt (Bild 119a). Dann bleiben die Reibungsverluste V_r konstant, während die Eisenverluste V_{fe} auf einer schrägen Geraden ansteigen. Dehnt man den Versuch auf mehrere konstante Drehzahlen aus, so kann man nach *Peuckert* die Eisenverluste in ihren Hystereseanteil V_h und ihren Wirbelstromanteil V_{wi} trennen, denn ersterer ist der Drehzahl, letzterer ihrem Quadrate proportional:

$$V_{fe} = V_h + V_{wi} = A\,n + B\,n^2 . \tag{128}$$

Trägt man in Bild 119b V_{fe}/n in Abhängigkeit von der Drehzahl n auf, so wird V_h/n eine zu n parallele Gerade im Abstand A und V_{wi}/n eine schräg ansteigende Gerade im Abstand $A + Bn$.

2. Schwungmoment

Aus der Auslaufkurve (zweckmäßig an erregter Maschine aufgenommen) kann das Schwungmoment Gd^2 des umlaufenden Teiles der Maschine berechnet werden, wenn G das Gewicht (kg) und d den Trägheitsdurchmesser (m) dieses Teiles bedeuten.

Das Bremsmoment M_b der Maschine (mkg) ergibt sich bezogen auf die Änderung der Winkelgeschwindigkeit mit der Zeit $\frac{d\,\omega}{d\,t}$ zu:

$$M_b = \frac{G\,d^2}{4 \cdot 9{,}81}\,\frac{d\omega}{d\,t} = \frac{G\,d^2}{375}\,\frac{d\,n}{d\,t} = \frac{G\,d^2}{375}\,\frac{n_0^2}{T_0}\,, \tag{129}$$

wo n_0 eine Drehzahl und T_0 die Subtangente im zugehörigen Punkt der Auslaufkurve (Bild 118) bedeuten. Die Bremsleistung N_{b0} für diese Drehzahl n_0 ergibt sich in kW zu:

$$N_{b\,0} = \frac{9{,}81\,\omega\,M_b}{1000} = \frac{G\,d^2}{365\,000}\,\frac{n_0^2}{T_0}\,. \tag{130}$$

Man läßt die Maschine leer hochlaufen und mißt, wie im Motorverfahren (Seite 109) bei der Drehzahl n_0 die aufgenommene Leerlaufleistung. Dann fährt man sie auf eine Überdrehzahl (110...120%) hoch, schaltet sie ab, läßt sie auslaufen und nimmt die Auslaufkurve auf. Dann zieht man im Punkte n_0 eine Tangente an die Auslaufkurve und erhält so die Subtangente T_0. Die Leerlaufleistung ist die Bremsleistung N_{b0}. Mit diesen Werten ergibt sich das Schwungmoment der Maschine:

$$G\,d^2 = 365 \cdot 10^3\,\frac{T_0 N_{b0}}{n_0^2}\,. \tag{131}$$

IV. Belastbarkeit

1. Anlauf

Das Sattelmoment (geringstes Drehmoment) eines Motors muß mindestens den 0,3fachen Wert des Nennmoments betragen. Das Anzugsmoment kann bei Kurzschlußmotoren mit verringerter Spannung gemessen werden und ist dann quadratisch auf Nennspannung umzurechnen, sein wirklicher Wert ist etwas höher.

Beim asynchronen Anlauf von Synchronmaschinen und Einankerumformern muß, um gefährliche Spannungen in der Erregerwicklung zu vermeiden, diese kurzgeschlossen oder auf einen Widerstand geschaltet werden, der höchstens zehnmal so groß sein darf wie der Widerstand der Erregerwicklung.

2. Strom- und Drehmoment-Überlastbarkeit

Maschinen für Dauerbetrieb müssen 2 min lang den 1,5fachen Nennstrom im betriebswarmen Zustande möglichst bei Nennspannung aushalten können.
Das Höchstmoment (Kippmoment) eines Motors muß bei Nennspannung mindestens das 1,6fache Nennmoment erreichen (Synchronmotoren das 1,5fache), bei Betriebsart AB sogar das 2fache.

3. Hochlaufmoment

Um die Bedingungen nach 1 und 2 schnell überprüfen zu können, ist es zweckmäßig, den Drehmoment-Drehzahl-Verlauf des Motors zu kennen. Er wird dargestellt durch die Kurve des „Hochlaufmoments" („Hochlaufkurve").

Legt man an den Anker des konstant erregten unbelasteten Motors die Netzspannung, so läuft er in der Zeit T_0 leer bis zu seiner Leerlaufdrehzahl n_0 hoch. Wird die Drehzahl in gleichen Zeitabständen gemessen und in Abhängigkeit von der Zeit aufgetragen, so ergibt sich die „Hochlaufkurve". Zweckmäßig wird diese Kurve ebenso wie die Auslaufkurve oszillographisch aufgenommen. Man kuppelt mit der Maschinenwelle einen kleinen Drehzahlgeber, den man an eine Meßschleife des Oszillographen anschließt; an eine zweite Meßschleife schließt man einen Zeitgeber an und kann den Ankerstrom einer dritten Meßschleife zuführen. Damit erhält man die genaue Aufzeichnung von Drehzahl und Strom in Zeitabhängigkeit, wie in Bild 120a dargestellt.

Das dem Anker erteilte Beschleunigungsmoment ist das Hochlaufmoment M. Es gelten dafür wieder die Beziehungen der Gl. (129). In Bild 120a ist die Drehzahl im Verhältnismaßstabe n/n_0 über die ganze Hochlaufzeit T_0 aufgetragen. In Bild 120b wird das Hochlaufmoment im Verhältnismaßstabe M/M_n in Abhängigkeit von der Relativdrehzahl n/n_0 dargestellt. Die Tangente dn/dt an einen beliebigen Punkt P der Hochlaufkurve ist identisch mit dem Verhältnis n/T, wo T die Subtangente für diesen Punkt bedeutet. Ist das Schwungmoment Gd^2 des Ankers bekannt, so ergibt sich das Hochlaufmoment für P mit:

$$M = \frac{G\,d^2}{375}\,\frac{n}{T}\,. \tag{132}$$

Das mittlere Hochlaufmoment M_0 über die Hochlaufzeit T_0 ergibt sich:

$$M_0 = \frac{G\,d^2}{375}\,\frac{n_0}{T_0}\,. \tag{133}$$

Das Verhältnis der beiden Momente ergibt:

$$\frac{M}{M_0} = \frac{n}{n_0} \frac{T_0}{T}. \tag{134}$$

Das Nennmoment der Maschine M_n bei der Nenndrehzahl n_n errechnet sich aus der Nennleistung N_n nach der Gleichung:

$$M_n = 973 \frac{N_n}{n_n}. \tag{135}$$

Mit Gl. (133) und (134) ergibt sich:

$$\frac{M}{M_n} = \frac{M}{M_0} \frac{M_0}{M_n} = \frac{G d^2}{365\,000} \frac{n_n}{N_n} \frac{n}{T}. \tag{136}$$

Für $M = M_n$ ist $n = n_n$ und $T = T_n =$ const. Die Konstante T_n wird:

$$T_n = \frac{G d^2}{36{,}5 \cdot N_n} \left(\frac{n_n}{100}\right)^2. \tag{137}$$

Zeichnet man die konstante Zeitstrecke T_n in die Abszissenachse von Bild 120a ein, zieht von ihrem Anfangspunkt O Parallele zu den Tangenten an die Hochlaufkurve n/n_0 und zeichnet man von ihrem Endpunkte eine Parallele zur Ordinatenachse, so schneiden die Tangentenparallelen auf ihr Strecken y ab, für die die Beziehung gilt:

$$\frac{y}{T_n} = \left(\frac{n}{n_0}\right)' \frac{1}{T}. \tag{138}$$

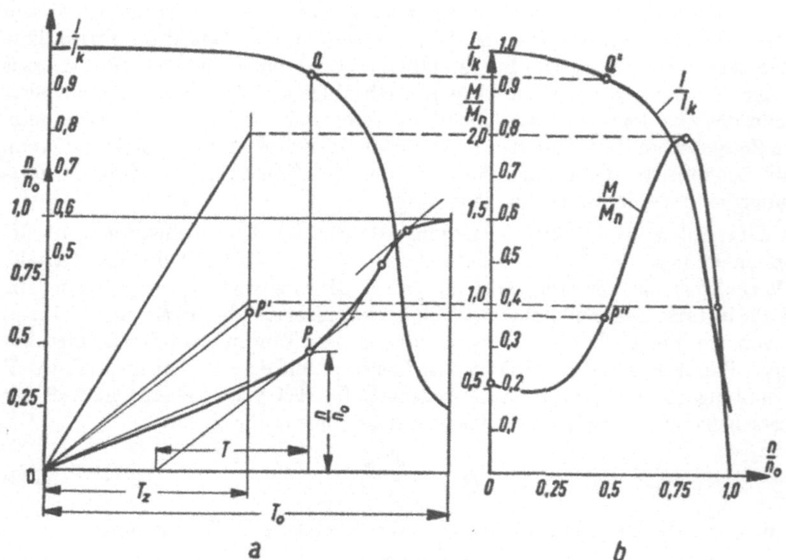

Bild 120a. Drehzahl und Strom eines Induktionsmotors in Zeitabhängigkeit
b. Hochlaufmoment und Strom in Drehzahlabhängigkeit

Eingesetzt in Gl. (136) ergibt sich mit Gl. (137):

$$\frac{M}{M_n} = \left(\frac{n_0}{n_n}\right) y. \tag{139}$$

Da aber M_n und n_n feste Größen sind, ist für jeden Punkt der Hochlaufkurve das Beschleunigungsmoment M der Größe y proportional. Es ist also nicht notwendig, den Zeitabschnitt T_n zu wählen; wählt man einen beliebigen Zeitabschnitt T_z und zieht von seinem Endpunkte die Ordinatenparallele, so schneiden die Tangentenparallelen auf ihr Abschnitte z ab, für die die gleiche Proportionalität gilt wie Gl. (138). Es gilt also allgemein für $\frac{y}{T_n} = \frac{z}{T_z}$:

$$\frac{M}{M_n} = \left(\frac{n_0}{n_n}\right) z. \tag{140}$$

In Bild 120a ist von dieser Überlegung Gebrauch gemacht und die Drehmomentverhältnisse M/M_n auf die Konstante T_z bezogen worden. In Bild 120b sind diese Relativmomente in Abhängigkeit von den Relativdrehzahlen n/n_0 aufgetragen. Der Strom kann ebenfalls über der Drehzahl (Relativwert n/n_0) als Relativwert I/I_k aufgetragen werden, indem, wie für Punkt P und Q dargestellt, die zu den Drehmoment- und Drehzahlwerten gehörigen Stromwerte bestimmt werden. Der Strompunkt Q gehört zum Drehmomentpunkt P', also Q'' zu der P'' zugeordneten Relativdrehzahl.

4. Kommutierung und Stromabnahme

Kommutatoren, Schleifringe und Bürsten müssen im betriebswarmen Zustande der Maschine die gewährleistete Belastung dauernd aushalten, ohne daß sich an ihnen Beschädigungen zeigen. Bei den vorgeschriebenen kurzzeitigen Strom- und Drehmomentüberlastungen darf ein möglicherweise auftretendes Bürstenfeuer die weitere Betriebsfähigkeit nicht beeinflussen. Tritt bei einer Gleichstrommaschine Bürstenfeuer an der auflaufenden Bürstenkante auf, so ist das Wendefeld zu stark (Überkommutierung); Bürstenfeuer an der ablaufenden Kante bedeutet ein zu schwaches Wendefeld (Unterkommutierung).

Das gilt für gut eingelaufene Bürsten und tadellose Kommutatoren oder Schleifringe.

V. Wirkungsgrad und Verluste

1. Erklärung

Der Wirkungsgrad η ist das Verhältnis der von der Maschine abgegebenen Wirkleistung N_a zu der von ihr aufgenommenen Wirkleistung N_z, die Gesamtverluste in der Maschine sind demnach durch die Differenz der beiden Wirkleistungen gegeben. Der Transformator gibt Scheinleistung ab, sein Wirkungsgrad ist eine vom Leistungsfaktor der Last abhängige Größe. Daher wird bei Transformatoren nicht der Wirkungsgrad, sondern die Größe der Verluste geprüft. Meist werden Wirkungsgrad bzw. Verluste in % der zugeführten Leistung (bei Transformatoren Scheinleistung) angegeben und in Kurvenform dargestellt.

Die Verluste in den zur Maschine (Transformator) allein gehörigen Hilfsgeräten sind in die Gesamtverluste einzubeziehen.

Bei Maschinensätzen, die aus mehreren Maschinen oder elektrischer Maschine und Transformator oder Kraftmaschine und Generator bestehen, wird meist ihr Gesamtwirkungsgrad gemessen. Sind die Einzelwirkungsgrade angegeben, so gelten sie als angenähert.

Der Wirkungsgrad kann *direkt* oder *indirekt* gemessen werden. Direkt wird er durch Messung von Abgabe N_a und Aufnahme N_z, indirekt durch Messung der Verluste V bestimmt. Ist der mutmaßliche Wirkungsgrad der Maschine größer als 85%, so soll die indirekte Messung angewendet werden, weil bei direkter Messung der Leistungen die Meßfehler zu große Abweichungen ergeben können.

Der direkt gemessene Wirkungsgrad ist in betriebswarmem Zustande der Maschine zu messen. Bestimmt man bei indirekter Wirkungsgradmessung die Stromwärmeverluste aus Strom und Widerstand, so sind die durch Gleichstrommessung bestimmten Wicklungswiderstände auf 75° C umzurechnen nach der Formel:

$$R_{75} = \frac{310}{235 + \vartheta} \cdot R_\vartheta \,, \tag{141}$$

wobei R_ϑ bzw. R_{75} die Wicklungswiderstände bei ϑ bzw. 75° C bedeuten.

2. Geeichte Hilfsmaschine

Als Hilfsmaschinen werden fast ausschließlich fremderregte Gleichstrommaschinen geeicht. Sie werden dazu mit einer anderen bereits geeichten Maschine oder mit einer Pendelmaschine gekuppelt. Weil während der Eichung die Temperatur der Maschine nicht konstant gehalten werden kann, bleibt der Wicklungswiderstand nicht konstant und vergrößert durch seine Schwankungen die Ungenauigkeit der elektrischen Messung.

Der Temperatureinfluß kann ausgeschaltet werden, wenn man bei verschiedenen konstanten Drehzahlen und Erregerströmen die Ankerströme in Abhängigkeit von den Drehmomenten mißt[1]). Man trägt dann für eine konstante genau gemessene Drehzahl und verschiedene konstante Erregerströme die Ankerströme in Abhängigkeit von den Drehmomenten als Kurvenschar auf und wiederholt das für mehrere konstante Drehzahlen (4...6). Da Ströme, magnetische Felder und Drehmomente unabhängig sind von der Temperatur, wird die Eichung viel genauer als bei der elektrischen Leistungsmessung. Die Drehzahlabhängigkeit der Drehmomente ist nur durch die Leerverluste bedingt, also gering, so daß eine geradlinige Interpolation zwischen Kurvenscharen für benachbarte Drehzahlen ausreicht.

3. Direkt gemessener Wirkungsgrad

Direkt kann der Wirkungsgrad gemessen werden nach dem *Bremsverfahren* oder nach dem *Belastungsverfahren.*

a) Nach dem *Bremsverfahren* wird das Drehmoment mit einer Bremse, einem Dynamometer oder einer Pendelmaschine, die Drehzahl mit einem Drehzahlmeßgerät und die elektrische Leistung mit elektrischen Meßgeräten gemessen.

---

[1]) *F. Unger,* Die Eichung einer Hilfmaschine, ETZ-B, Bd. 9, H. 3, S. 75/76.

Die mechanische Leistung N_m (kW) ergibt sich aus dem Drehmoment M (mkg) und der Drehzahl n (Umdr/min):

$$N_m = \frac{9{,}81 \cdot 2\pi}{60\,000} \cdot M \cdot n = 1{,}027 \cdot 10^{-3} \cdot M \cdot n\,. \tag{142}$$

b) Nach dem *Belastungsverfahren* wird die Maschine mit einer geeichten Hilfsmaschine gekuppelt. Mechanische und elektrische Leistung werden mit elektrischen Meßgeräten festgestellt.

4. Indirekt gemessener Wirkungsgrad

Der indirekt gemessene Wirkungsgrad wird festgestellt nach dem *Rückarbeits-Verfahren* (hauptsächlich bei Gleichstrommaschinen), dem *Übererregungs-Verfahren* (Synchronmaschinen), dem kalorimetrischen Verfahren (große Maschinen) oder dem *Einzelverlust-Verfahren.*

a) Beim *Rückarbeitsverfahren* werden zwei gleiche Maschinen mechanisch gekuppelt und elektrisch so zusammengeschaltet, daß eine Maschine als Motor, die andere als Generator arbeitet. Sie werden so erregt, daß die gewünschten Mittelwerte der Ströme und Spannungen entstehen. Die Verluste werden entweder durch ein zugeschaltetes Netz oder einen mit gekuppelten geeichten Hilfsmotor gedeckt. Die Drehzahl wird im ersten Falle durch die Erregungseinstellung, im zweiten durch die Erregung des Hilfsmotors erhalten. Die Verluste werden auf die Maschinen entsprechend ihrer Belastung verteilt, die Wirkungsgrade nach Umrechnung auf 75° C Wicklungstemperatur errechent.

b) Beim *Übererregungsverfahren* wird die Maschine als übererregter leerlaufender Motor (Blindleistungsmaschine) mit Nennfrequenz und einer Klemmenspannung betrieben, bei der die gleichen Eisenverluste auftreten, wie bei der auf Nennspannung erregten stromlosen Maschine. Die fremderregte Maschine wird so übererregt, daß sie Nennstrom aufnimmt. Sie kann auch untererregt werden. Der Gesamtverlust ist die Summe aus aufgenommener Leistung und auf Nennbetrieb umgerechneten Erregungsverlusten. Der Wirkungsgrad wird auf 75° C Wicklungstemperatur umgerechnet.

c) Das *kalorimetrische Verfahren* beruht auf der Messung der an das Kühlmittel der im Betriebszustand laufenden Maschine abgegebenen Wärme. Diese Wärme kann direkt aus der Erwärmung des Kühlmittels und seiner sekundlichen Menge oder indirekt durch Vergleich mit einer durch eine elektrisch meßbare Verlustleistung verursachten Temperaturerhöhung ermittelt werden. (Näheres in VDE 0530 § 56.)

d) Das *Einzelverlustverfahren* beruht auf der gesonderten Bestimmung der Leer-, Erregungs-, Last- und Zusatzverluste, deren Summe die Gesamtverluste ergibt.

Leerverluste sind Reibungs- und Eisenverluste. Sie werden aus der Leerlaufleistung (Seite 109) durch Abzug der Leerlauf-Stromwärme und ggf. Leerlauf-Erregungsverluste berechnet.

Die Erregungsverluste (Stromwärmeverluste im Erregerkreis) sind aus dem Erregerstrom und den auf 75° C umgerechneten Widerständen der Erregerwicklung zu berechnen. Da für verschiedene Messungen verschiedene Erregerströme nötig sind, deren Stromwärmeverluste errechnet werden müssen, wird meist vorher der

Erregerstrom der Maschine bei Nenndrehzahl und Nennspannung für verschiedene Belastungsströme als „Regulierungskurve“ (Bild 102) aufgenommen.

Lastverluste sind die Stromwärmeverluste des Nennstromes. Sie sind für alle Maschinenarten mit Ausnahme der Synchronmaschinen aus den mit Gleichstrom gemessenen auf 75° C nach Gl. (141) umgerechneten Widerständen zu errechnen. Bei Stromwender- oder Schleifringläufern sind die Bürstenübergangsverluste, wenn nicht gemessen, mit 1,0 V für Kohle- oder Graphitbürsten, mit 0,3 V für metallhaltige Bürsten je Bürstenbolzen zu berücksichtigen.

Bei Induktionsmaschinen können die Verluste des Sekundärankers N_2 auch aus dem Schlupf s berechnet werden, wenn man die mechanische Leistung N_m ermittelt hat. Es ist:

$$V_2 = N_2 = \frac{s}{1-s} \cdot N_m. \tag{143}$$

Bei Synchronmaschinen kennt man drei Verfahren zur Ermittlung der Last- und Zusatzverluste, die als temperaturunabhängig angesehen werden.

Im *Kurzschlußverfahren* wird die durch einen geeichten Hilfsmotor (Pendelmaschine) mit Nenndrehzahl angetriebene Maschine bei kurzgeschlossener Ankerwicklung so fremderregt, daß ihr Kurzschlußstrom gleich dem Nennstrom ist. Die ihr zugeführte Leistung abzüglich der Reibungsverluste gilt als Summe der Stromwärme- und Zusatzverluste. (Bei sehr großer Streuung können dadurch entstehende Eisenverluste abgezogen werden.)

Beim *Auslaufverfahren* wird die durch einen Hilfsmotor angetriebene kurzgeschlossene Maschine auf 10% Überdrehzahl hochgefahren und so erregt, daß sie Nennstrom führt. Nach Abschalten des Hilfsmotors wird beim Auslauf im Augenblick der Nenndrehzahl der Drehzahlabfall dn/dt festgestellt und daraus nach Gl. (130) die Bremsleistung errechnet. Sie ist die Summe der Last-, Zusatz- und Reibungsverluste.

Aus den nach dem Übererregungsverfahren gemessenen Gesamtverlusten ergeben sich nach Abzug der Leerverluste (ggf. Erregungsverluste) die Lastverluste einschließlich Zusatzverlusten.

Zusatzverluste entstehen im magnetischen Kreis, Metallteilen, stromführenden Leitern und bei Stromwendermaschinen zusätzlich unter den Bürsten. Da sie (Synchronmaschinen ausgenommen) nicht gemessen werden können, berücksichtigt man sie als Zuschläge zu den Gesamtverlusten nach folgender Regel:

für Induktionsmaschinen	0,5% der Bezugsleistung
für Gleichstrommaschinen kompensiert	0,5% der Bezugsleistung
für Gleichstrommaschinen unkompensiert	1,0% der Bezugsleistung
für Wechselstromwendermaschinen.................	1,0% der Nennleistung

Die Zusatzverluste V_0 eines Gleichstrommotors, bei seiner Drehzahl n_0 erhöhen sich bei Drehzahlsteigerung durch Feldschwächung in folgendem Verhältnis:

für	$n/n_0 = 1{,}0$	1,5	2,0	3,0	4,0
ist	$V/V_0 = 1{,}0$	1,4	1,7	2,5	3,2

wenn n die höhere Drehzahl und V die höheren Verluste bedeuten.

5. Verlustmessungen an Transformatoren

Die Belastung eines Transformators verursacht Verluste in seinem Eisenkern, Dielektrikum, Wicklungen und benachbarten Metallteilen. Die Gesamtheit dieser Verluste ist verhältnismäßig zur Nennlast sehr gering und kann daher nur durch getrennte Messung der Leerlauf- und Kurzschlußverluste bestimmt werden.

a) Die *Leerlaufmessung* ist am unbelasteten Transformator mit Nennfrequenz und Nennspannung am Hauptanschluß, im allgemeinen auf der Unterspannungsseite durchzuführen. Sie ergibt die Verluste im Eisen, Dielektrikum und des Leerlaufstromes sowie den Leerlaufstrom selbst.

Der Leerlaufstrom setzt sich aus Magnetisierungsstrom, Ladestrom (des Dielektrikums) und Eisenverluststrom zusammen. Er ist meist nicht sinusförmig und bei den üblichen Drehstromtransformatoren im Mittelschenkel kleiner als in den Außenschenkeln. Seine Stromwärmeverluste sind gegen die des Nennstromes vernachlässigbar klein.

b) Die *Kurzschlußmessung* ist am unterspannungsseitig kurzgeschlossenen Transformator, im allgemeinen auf der Oberspannungsseite mit Nennfrequenz und Nennstrom durchzuführen. Sie ergibt die gesamten Stromwärmeverluste in den Wicklungen, Zuleitungen, Kontakten und die Zusatzverluste sowie die Kurzschlußspannung. Leistungstransformatoren müssen auf den Hauptanschluß geschaltet sein.

Bei einer Kurzschlußmessung mit verringerten Strom sind die Verluste quadratisch, die Kurzschlußspannung linear im Verhältnis Nennstrom zu Meßstrom umzurechnen.

Die Ohmschen Widerstände der Wicklung sind mit Gleichstrom zu messen, dabei ist auch die Wicklungstemperatur ϑ_k zu messen. Die gemessenen Verlustwerte und die Kurzschlußspannung sind nach Gl. (141) auf 75° C umzurechnen.

VI. Spannung und Spannungsanstieg

1. Sinusform der Spannungskurve

Bei Wechselstrommaschinen und Transformatoren muß die Spannungskurve sinusförmig sein, d. h. keiner ihrer Augenblickswerte darf vom Augenblickswert gleicher Phase der Grundwelle um mehr als 5% des Scheitelwertes der Grundwelle abweichen. Bei Generatoren gilt das auch für Nennbelastung.

Die Spannungskurve wird zu diesem Zweck oszillographisch aufgenommen. Ihre Auswertung kann durch Kurvenanalyse oder mittels des Flemingschen Kreises geschehen, indem man das Oszillogramm nach Bild 121 in Polarkoordinaten überträgt und über die so entstandene Kurve einen flächengleichen Kreis zeichnet, was bei einiger Übung sehr schnell und genau geht. Die Abweichungen der Polarkoordinaten der Kurve von denen des Kreises im gleichen Polarwinkel dürfen höchstens 5% des Kreisdurchmessers betragen.

2. Spannungsbereich

Generatoren müssen bei Nennbelastung, Nenndrehzahl und Nennleistungsfaktor eine Spannung entwickeln können, die $\pm$ 5% von der Nennspannung abweicht. Motoren müssen bei Nennleistung und Nennfrequenz mit einer Spannung betrieben

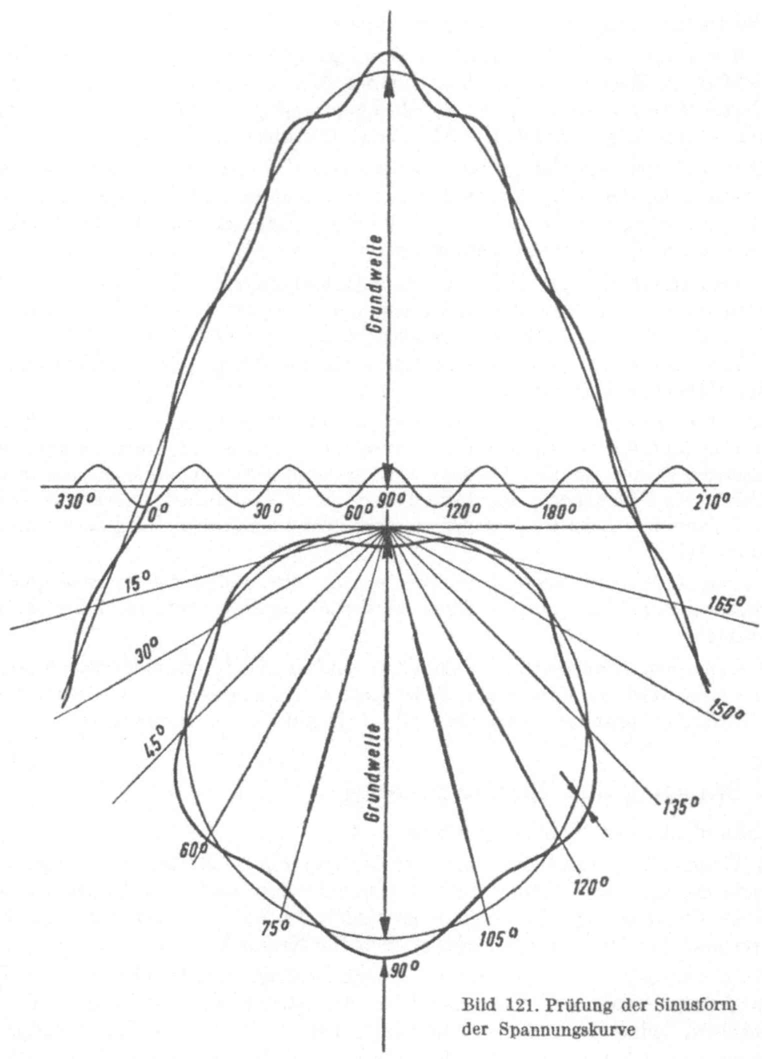

Bild 121. Prüfung der Sinusform der Spannungskurve

werden können, die ± 5% von der Nennspannung abweicht. Bei diesem Betriebe darf die Erwärmung die Grenz-Übertemperatur höchstens um 10% überschreiten.

3. Spannungsänderung

Bei Entlastung vom Nennbetrieb auf Leerlauf wird der Spannungsanstieg von Gleichstromgeneratoren in Nebenschluß- oder Fremderregung und von eigen- oder fremderregten Synchrongeneratoren bei unverändertem Erregerstrom und Nenndrehzahl gemessen. Bei Synchronmaschinen kann er auch aus der magnetischen Kennlinie (Bild 14) bestimmt werden, wobei die Wicklungswiderstände auf 75° C umzurechnen sind.

Der Spannungsanstieg wird in % der Nennspannung angegeben. Bei Synchronmaschinen soll er 50% der Nennspannung nicht überschreiten.

4. Erregungsfähigkeit

Generatoren müssen bei Nenndrehzahl, Nennleistungsfaktor und 1,25fachem Nennstrom in betriebswarmem Zustande kurzzeitig an den Klemmen Nennspannung erzeugen können.

VII. Drehsinn und Drehzahl

Der Lauf im Uhrzeigersinne, von der Antriebsseite (bzw. vom stärkeren Wellenstumpf) aus gesehen, gilt als Rechtslauf. Die Klemmenfolge bei Drehstrommaschinen muß $U\,V\,W$ der zeitlichen Phasenfolge in Drehrichtung entsprechen, was nachzuprüfen ist.

Die Drehzahl von Motoren soll bei Nennspannung in Abhängigkeit von der Belastung geprüft werden. Dazu kuppelt man zweckmäßig den Motor mit einer geeichten Maschine (Pendelmaschine), deren Belastung man stufenweise ändert. Gemessen werden Spannung, Strom- und Leistungsaufnahme des Motors sowie Drehmoment und Drehzahl in betriebswarmem Zustande. Die Meßergebnisse trägt man in Kurvenform auf.

VIII. Schaltgruppe und Übersetzung

1. Die Übersetzung

Bei Transformatoren soll sie möglichst nicht mit Spannungsmeßgeräten (zu ungenau), sondern nach einer Nullmethode mit Meßbrücke gemessen werden, weil die Toleranz nur $\pm$ 0,5% beträgt. Für die Messung kann eine Wechselstrom-Brückenschaltung (Wheatstone) oder noch einfacher eine Schaltung nach Bild 122 (Siemens) verwendet werden.

Man legt dabei die Oberspannungswicklung $U - V$ an eine Wechselspannung (z. B. 220 V 50 Hz) und verbindet U der Oberspannungswicklung mit u der Unterspannungswicklung $u - v$. Der feste Widerstand r_0 ist mit dem regelbaren Widerstand r verbunden, die Verbindungsstelle liegt über ein Nullgalvanometer oder Telephon an v, während das andere Ende von r_0 mit u, der Schiebekontakt von r mit V verbunden ist. Bei Nullabgleich ist die Übersetzung $\ddot{u} = \frac{r_0 + r}{r}$. Geringe Phasenverschiebungen zwischen Ober- und Unterspannung beeinflussen das Meßergebnis nicht.

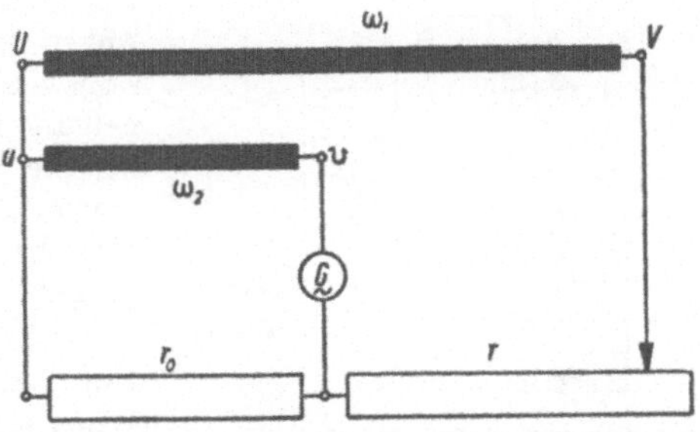

Blid 122. Meßanordnung zur Messung der Übersetzung

2. Die Schaltgruppe von Drehstromtransformatoren

Sie kann ebenfalls mit Brückenschaltungen festgestellt werden. Einfacher ist die Feststellung mit drei Spannungsmessungen: $U...V$, $u...v$ und $V...v$, indem man U mit u verbindet und an $U...V$ eine Wechselspannung anlegt. Es ergeben sich dann für die Spannungen folgende Verhältnisse:

$$\text{Schaltgruppe } 0 \quad (V...v) = (U...V) - (u...v)$$

$$\text{Schaltgruppe } 5 \quad (V...v) = \sqrt{(U...V)^2 + (u...v)^2 + \sqrt{3}(U...V)(u...v)}$$

$$\text{Schaltgruppe } 6 \quad (V...v) = (U...V) + (u...v)$$

$$\text{Schaltgruppe } 11 \quad (V...v) = \sqrt{(U...V)^2 + (u...v)^2 - (U...V)(u...v)}\,.$$

Ist die Übersetzung größer als 5, so ist die Oberspannung $U...V$ über Transformator (Spannungswandler) entsprechend verkleinert zu messen. Die Schaltungsart (D, Y oder Z) ist dabei gleichgültig.

IX. Prüfung einer Gleichstrom-Nebenschlußmaschine

1. Voraussetzungen

Die Maschine besitzt Wendepole, aber keine Kompensationswicklung. Zur Messung stehen Drehspul-Meßgeräte der Klasse 0,2 zur Verfügung, für die Drehzahlmessung eine Tachometermaschine. Nach dem Leistungsschild gilt die Betriebsart DB. Die magnetische Kennlinie (Leerlaufkennlinie) liegt vor, ebenso die Regulierungskurve (Erregerstrom in Abhängigkeit vom Ankerstrom bei Nennspannung).

Die Maschine wird mit einer Pendelmaschine (oder geeichten Gleichstrommaschine) starr gekuppelt.

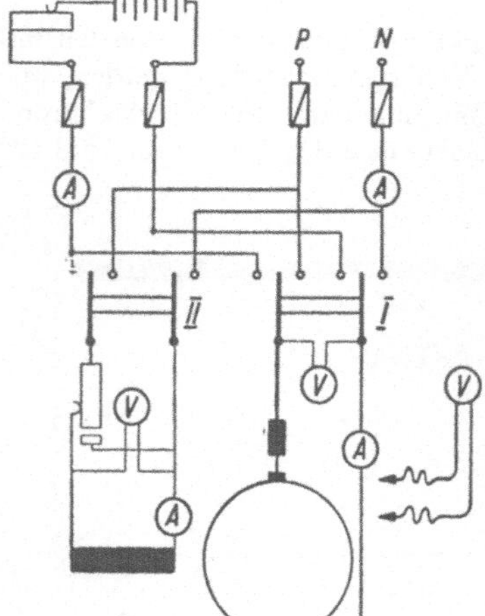

Bild 123. Umschalt-Einrichtung zur Messung der Wicklungswiderstände

2. Widerstandsmessungen

Die Messung der Wicklungswiderstände von Anker- (einschließlich Wendepole) und Erregerwicklung wird mit Gleichstrom (Akkumulator als Stromquelle) durchgeführt, wobei die Wicklungstemperatur k mit Thermometer gemessen wird (siehe zweiter Teil III). Falls möglich, wird die Bürstenübergangsspannung bei Nennstrom (Zweiter Teil I 2) gemessen.

Um bei den Erwärmungsmessungen die Widerstände schnell messen zu können, ist es zweckmäßig, mittels mehrerer Umschalter eine Einrichtung vorzubereiten, die es ermöglicht, mit wenigen Handgriffen die Wicklungen vom Netz abschalten und an die Widerstands-Meßeinrichtung anschließen zu können. In Bild 123 ist eine solche Einrichtung dargestellt. Die Umschaltung wird mit zwei Umschaltern durchgeführt. Bei Rechtsstellung beider Schalter liegt die Maschine am Netz (oder Verbraucher). Der Widerstand der Erregerwicklung an ihren Klemmen ergibt sich aus Spannung und Strom; Schalter II darf während der ganzen Messung nicht geöffnet werden. Schalter I links gibt Meßstrom aus der Meßbatterie in die Ankerwicklung. Die Ankerspannung wird über Kontaktspitzen an zwei (im genauen Abstande einer Polteilung auf dem Stromwender) gekennzeichneten Stromwenderlamellen abgegriffen und mittels eines besonderen Spannungsmessers gemessen. Dabei muß der Anker so gedreht werden, daß die gekennzeichneten Lamellen genau unter jenen Bürsten liegen, durch die der Meßstrom dem Anker zugeleitet wird. Die Bürstenübergangsspannung wird nach der aufgenommenen Bürstenspannungskurve dem Meßstrom entsprechend berücksichtigt.

Kann die Wendepolwicklung an den Ankerklemmen nicht abgetrennt werden, so empfiehlt es sich, sie für die Widerstandsmessung stets mittels eines Schalters kurz zu schließen, weil sie meist eine andere Temperatur annimmt, als die Ankerwicklung. In einiger Entfernung von der Maschine (1...2 m) muß, strahlungs- und windgeschützt (am besten in einem Ölgefäß), ein Thermometer zur Messung der Raumtemperatur aufgestellt werden.

3. Erwärmungsmessungen

Die Maschine wird mittels der mit ihr gekuppelten geeichten Maschine auf Nenndrehzahl hochgefahren, auf Nennspannung erregt, mit einem ihrer Spannung entsprechenden Gleichstromnetz (konstant gehaltener Spannung) parallelgeschaltet und so nacherregt, daß sie Nennstrom an dieses Netz abgibt. Ihr Schaltbild ist aus Bild (124) zu ersehen. Nach VDE 0530/7.55 § 35 müßte nun die Belastung so lange konstant durchgehalten werden, bis die Endübertemperatur um nicht mehr als 2° je Stunde ansteigt. Wie das festgestellt werden soll, ist nicht gesagt. Es wird daher hier als zweckmäßig empfohlen, die Maschine in gleichen Zeitintervallen, etwa alle 30 Minuten abzuschalten, still zu setzen und mit Thermometern die Wicklungstemperaturen nachzumessen; dann aber die Maschine sofort wieder anzulassen und zu belasten. Die Temperatur sinkt dabei natürlich etwas ab. Mit Hilfe der S. 120 beschriebenen Umschalt-Einrichtung können fast gleichzeitig die Widerstände von Anker- und Erregerwicklung gemessen werden. Diese Messung ist viel verläßlicher als die Thermometermessung und gibt bei Nachrechnung meist höhere Temperaturen als jene, obwohl sie nur mittlere Wicklungstemperaturen ergibt.

Meist steigt nach 1...1,5 Stunden die Temperatur nur wenig an. Man kann dann nach dem Abschalten in mehreren gleichen Zeitintervallen (etwa alle 10 sek) Widerstandsmessungen vornehmen, sofort wieder einschalten und z. B. den Ankerwiderstand nach Bild 117 für den Ausschaltaugenblick extrapolieren. Nach dem zu Bild 116 Gesagten kann auf Grund der Widerstands- bzw. Temperaturmessungen die Hilfskurve $\Delta\vartheta/\vartheta$ Aufschluß über den noch möglichen Temperaturanstieg geben. Wird diese Kurve zur Geraden, dann kann der Erwärmungsversuch abgebrochen werden.

Die Berechnung der Wicklungstemperaturen aus den gemessenen Widerstandswerten muß stets nach Gl. (127) durchgeführt werden. Man erhält so die mittleren End-Übertemperaturen der Wicklungen. Für die Bestimmung der End-Übertemperaturen des Ankereisens und der Lager genügt dann eine Thermometermessung nach Abschalten der Maschine.

Soll die Maschine als Motor geprüft werden, dann ist der Vorgang der gleiche, nur wird nach dem Parallelschalten die Erregung vermindert, bis Nenndrehmoment und Nenndrehzahl erreicht sind. Dann wird der Erwärmungsversuch durchgeführt.

4. Belastbarkeit

Das Anlaufmoment eines Gleichstrom-Nebenschlußmotors ist stets viel größer als sein Nennmoment. Soll es trotzdem geprüft werden, so befestigt man einen Waagebalken (Pronyschen Zaum) fest an der Welle und wägt die Umfangskraft bei Stillstand mittels Gewichten oder Dynamometers aus. Das Anlaßmoment M_a errechnet sich dann aus Hebelarmlänge l und Umfangskraft P_a zu:

$$M_a = l \cdot P_a. \qquad (144)$$

Als Generator muß die Maschine 2 min lang mit dem 1,5fachen Strom belastet werden (N 2).

5. Wirkungsgrad

Um zunächst festzustellen, ob der Wirkungsgrad größer oder kleiner als 85% ist, soll er zunächst direkt gemessen werden. Die Kupplung mit einer geeichten Maschine ist sowohl für das Brems-, als auch für das Belastungsverfahren geeignet. Als Motor wird die zu prüfende Maschine durch die geeichte Maschine abgebremst, ihre elektrische Leistung, aus Spannung mal Strom berechnet, ist die zugeführte Leistung N_z; ihre abgegebene Leistung N_a errechnet sich aus Drehmoment mal Drehzahl. Als Generator nimmt sie die ihr an der Welle zugeführte Leistung (Drehmoment mal Drehzahl) auf und gibt ihre elektrische Leistung an das Netz ab.

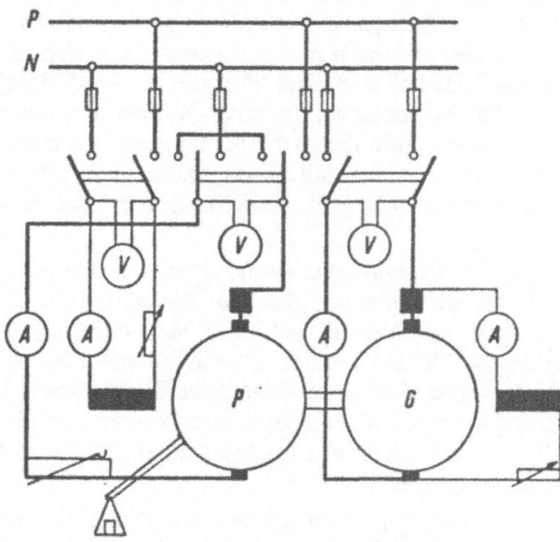

Bild 124. Schaltbild für die Wirkungsgradmessung an einer Gleichstrom-Nebenschlußmaschine G mittels einer Pendelmaschine P.

In der Schaltung nach Bild 124 ist P eine Pendelmaschine, G die zu prüfende Maschine. Beide Maschinen können über getrennte Schalter mit demselben Gleichstromnetz verbunden werden.

Die Pendelmaschine P ist so geschaltet, daß ihre regelbare Fremderregung dauernd am Netz liegen kann. Soll sie als Motor arbeiten, so wird ihr Anker auf das Netz geschaltet; soll sie als Belastungsschine (Generator) arbeiten, so wird ihr Ankerkreis über den regelbaren Belastungswiderstand kurzgeschlossen. Die Schaltung einer nach Anker- und Erregerstrom geeichten Gleichstrommaschine (S. 11) ist die gleiche. Die mechanische Leistung N_m errechnet sich in kW aus dem Drehmoment M in mkg und der minutlichen Drehzahl n nach Gl. (142). Der Wirkungsgrad η in % ist stets entsprechend Gl. (77) zu berechnen:

$$\eta = 100 \cdot \frac{N_a}{N_z}, \tag{145}$$

wenn N_z die aufgenommene oder zugeführte und N_a die abgegebene Leistung bedeuten, wobei N_z die Summe aus N_a und den gesamten Verlusten V in der Maschine ist.

Es sei nun angenommen, der Wirkungsgrad sei größer als 85%. Dann wird die direkte Wirkungsgradbestimmung zu ungenau und, da keine zweite genau gleiche Maschine vorhanden ist, muß eine indirekte Wirkunsgradbestimmung nach dem Einzelverlustverfahren durchgeführt werden (V 4 d). Es müssen also Leerverluste, Erregungsverluste, Lastverluste und Zusatzverluste getrennt bestimmt werden.

a) *Leerverluste.* Da die Maschine mit einer geeichten Maschine gekuppelt ist, soll hier das Generatorverfahren angewandt werden. Sie wird mit Nenndrehzahl angetrieben und auf Nennspannung erregt. Die ihr zugeführte mechanische Leistung ist ihr gesamter Leerlaufverlust. Aus Erregerstrom I_e und Widerstand der Erregerwicklung (bei Nebenschlußschaltung) R_e errechnet sich die Erregungsleistung. Zieht man diese von der Leerlaufverlustleistung ab, so ergeben sich die Leerverluste V_0 der Maschine.

b) *Erregungsverluste.* Die Stromwärmeverluste $V_e = I_e^2 R_e$ im Erregerstromkreise errechnen sich aus dem Vollast-Erregerstrom (Regulierungskurve) I_e und dem auf 75° C umgerechneten Widerstand der Erregerwicklung r_e.

c) *Lastverluste.* Da Ankerwiderstand und Bürstenübergangsspannung bekannt sind, ebenso der Ankerstrom bei Nennleistung, so kann man die Lastverluste aus diesen Werten berechnen, wenn man den Ankerwiderstand auf 75° C umgerechnet hat. Die Lastverluste V_L ergeben sich aus dem Ankerwiderstand R_a, dem Ankerstrom I_a und der Bürsten-Übergangsspannung einer Bürstenreihe U_b als:

$$V_L = I_a (I_a R_a + 2 U_b). \tag{146}$$

d) *Zusatzverluste.* Da die Maschine nicht kompensiert ist, sind die Zusatzverluste V_z' mit 1% der Bezugsleistung, hier also der Nennleistung in den Wirkungsgrad einzubeziehen. Die abgegebene Nennleistung N_a ist in kW angegeben, die Verluste meist in Watt. Darum wird $V_z = 10 \cdot N_a$ eingesetzt.

e) *Gesamtverluste und Wirkungsgrad.* Die Gesamtverluste sind die Summe aus V_0, V_e, V_L und V_z. Man schreibt also:

$$V = V_0 + I_e^2 R_e + I_a (I_a R_a + 2\ U_b) + 10\ N_a . \qquad (147)$$

Die aufgenommene (zugeführte) Leistung in kW ist dann:

$$N_z = N_a + \frac{V}{1000} = 1{,}01\ N_a + 10^{-3} [V_0 + I_e^2 R_e + I_a (I_a R_a + 2\ U_b)] . \qquad (148)$$

Damit ergibt sich der Wirkungsgrad wieder nach Gl. (145).

6. Spannung

Es muß festgestellt werden, ob bei Nenndrehzahl und Nennleistung die Spannung um $\pm$ 5% gegenüber Nennleistung gehalten werden kann, ohne daß die Erwärmung um mehr als 10% höher liegt als die zulässige End-Übertemperatur, was am besten im Anschluß an den Erwärmungsversuch geschieht, weil dann die Temperaturänderung am schnellsten zu erkennen ist.
Im Anschluß an diesen Versuch wird zweckmäßig durch vollständige Entlastung der Maschine ihr Spannungsanstieg gemessen.

Anschließend wird die Maschine bei Nenndrehzahl mit 1,25fachem Nennstrom belastet und in ihrer Nebenschlußschaltung dabei kurzzeitig auf Nennspannung erregt. Diese Prüfung soll ebenfalls an der warmen Maschine durchgeführt werden.

X. Prüfung einer Umformer-Metadyne

1. Voraussetzungen

Die Maschine U wird mit einer kleinen Pendelmaschine (oder als Motor geeichten fremderregten Gleichstrommaschine) P starr gekuppelt und auf konstanter Drehzahl gehalten. Sie entnimmt über ihre yy-Bürsten Gleichstrom aus einem Gleichspannungsnetz und speist über ihre xx-Bürsten einen regelbaren Belastungswiderstand R. Zur Messung dienen Drehspul-Meßgeräte der Klasse 0,2, für die Drehzahlmessung eine Tachometermaschine. Ihre Belastungsart ist DB. Der Stromkreis xx darf während der Belastung nicht geöffnet werden. Die **Schaltung** ist in Bild 125 dargestellt.

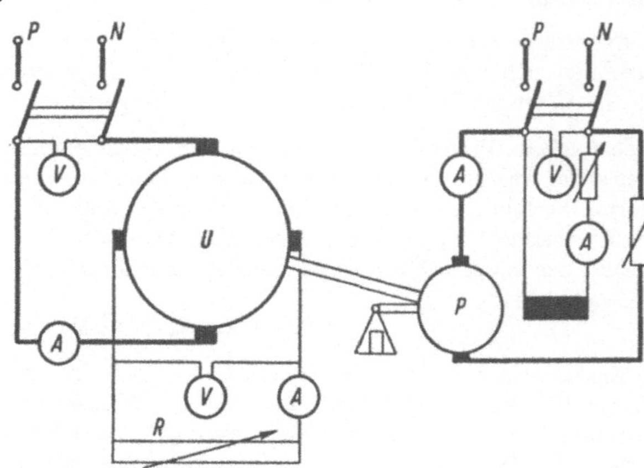

Bild 125. Schaltung zur Prüfung einer Umformer-Metadyne

2. Widerstandsmessungen

Der Ankerwiderstand ist für beide Bürstenachsen gleich. Er wird mit Gleichspannung und -strom gemessen.

3. Erwärmungsmessungen

Die Temperatur δ_k der kalten Wicklung mißt man mit Thermometer und den kalten Widerstand r_k ebenfalls bei Stillstand der Maschine. Dann wird die Maschine auf Nenndrehzahl hochgefahren, der Belastungswiderstand R kurzgeschlossen und dann erst der Anker über die yy-Bürsten auf die Gleichspannung geschaltet. Nunmehr wird der Belastungswiderstand soweit geregelt, daß zwischen den xx-Bürsten Nennspannung herrscht. Der Strommesser im xx-Kreis zeigt in weiten Grenzen fast konstanten Strom an.

Der Temperaturanstieg im Anker wird wie bei der Gleichstrommaschine fortlaufend durch Widerstandsmessungen verfolgt. Der Widerstand R_w des warmen Ankers kann ähnlich Bild 117 ermittelt werden. Nach Gl. 127 berechnet man dann die Übertemperatur $\Theta_{ü}$.

4. Belastbarkeit

Die Maschine muß 2 min lang den 1,5-fachen Strom über die xx-Bürsten aushalten können, was durch weitere Widerstandsvergrößerung des Belastungswiderstandes R eingeregelt wird.

5. Wirkungsgrad

Einzelverlustverfahren kommt nicht in Frage, weil die Leerverluste von den Lastverlusten nicht zu trennen sind. Daher muß hier das Belastungsverfahren durchgeführt werden. Die zugeführte Leistung N_z ist die Summe aus der über die Welle zugeführten (sehr geringen) mechanischen Leerlaufleistung N_0 und der aus dem Gleichstromnetz über die yy-Bürsten zugeführten elektrischen Leistung N_{el}. Erstere wird aus Drehmoment und Drehzahl (der Pendelmaschine) nach Gl. 142, letztere aus Spannung und Strom berechnet. Die abgegebene Leistung Na errechnet sich ebenfalls aus Spannung mal Strom und der Wirkungsgrad aus Gl. 145. Belastungsstrom und Wirkungsgrad sind in Abhängigkeit vom Belastungsstrom oder der abgegebenen Leistung N_a in Kurvenform aufzutragen,

6. Spannung

Die Spannung an den xx-Bürsten ändert sich bei dieser Maschine sehr stark mit der Belastung. Sie darf bei der gewährleisteten Nennleistung an der warmen Maschine nicht mehr als $\pm 5\%$ von der gewährleisteten Spannung abweichen.

XI. Prüfung einer Drehstrom-Synchronmaschine

1. Voraussetzungen

Die Maschine ist eine fremderregte Schenkelpolmaschine ohne Dämpferwicklung mit umlaufendem Polrad. Zur Messung stehen Prüffeldgeräte Kl. 0,2, ein Zungen-Frequenzmesser und ein Synchronisiergerät zur Verfügung. Leerlaufkennlinie und Regulierungskurven sind aufgenommen. Ein Oszillograph ist vorhanden. Die Betriebsart ist DB.

Die Maschine wird mit einer Pendelmaschine starr gekuppelt.

2. Widerstandsmessungen

Sie werden in der gleichen Weise durchgeführt wie bei der Gleichstrommaschine. Die Wicklungstemperaturen werden dabei mit Thermometer gemessen. Über die Schleifringe wird der Widerstand der Erregerwicklung mit Gleichstrom gemessen und die Gleichspannung dabei über Meßspitzen abgegriffen.

3. Erwärmungsmessungen

Die Maschine wird mittels der Pendelmaschine hochgefahren, auf Nennfrequenz eingestellt, auf Nennspannung erregt und mittels Synchronisiereinrichtung mit dem Drehstromnetz, an das sie Leistung abgeben soll, synchronisiert. Dann wird sie als Generator mit Nennstrom bei Nennleistungsfaktor belastet. Die Erwärmungsmessungen werden nunmehr genauso durchgeführt, wie bei der Gleichstrommaschine. Die Schaltung ist die gleiche wie in Bild 67.

4. Belastbarkeit

Die Maschine muß 2 min lang mit 1,5fachem Nennstrom belastet werden. Da sie keine Dämpferwicklung hat, fällt eine Prüfung auf Anlaßmoment aus.

5. Wirkungsgrad

Er sei höher als 85% angenommen, also muß die Prüfung nach einem indirekten Verfahren vorgenommen werden. Für das an sich einfachste Übererregungsverfahren (VDE 0530 § 55) müßte die Maschine erst entkuppelt werden. Daher wird das Einzelverlustverfahren gewählt.

a) *Leerverluste.* Sie werden wie bei der Gleichstrommaschine nach dem Generatorverfahren ermittelt.

b) *Erregungsverluste.* Sie werden aus dem Vollast-Erregerstrom und dem auf 75° C umgerechneten Widerstand der Erregerwicklung errechnet, wobei noch der Bürsten-Übergangswiderstand zu berücksichtigen ist. Man erhält also die Gleichung:

$$V_{err} = I_e^2 R_e + 2\, I_e U_b = I_e\,(I_e R_e + 2\, U_b)\,. \tag{149}$$

c) *Last- und Zusatzverluste.* Sie werden nach dem Kurzschlußverfahren gemessen. Die Maschine wird mit kurzgeschlossener Ankerwicklung von der Pendelmaschine mit Nenndrehzahl (Nennfrequenz) angetrieben und so erregt, daß der Kurzschlußstrom gleich Nennstrom wird. Die durch die Pendelmaschine zugeführte mechanische Leistung (Drehmoment mal Drehzahl) abzüglich der Reibungsverluste ergibt die Stromwärme- und Zusatzverluste V_{l+z}.

d) *Gesamtverluste.* Sie sind die Summe aus diesen Einzelverlusten:

$$V = V_0 + V_{err} + V_{l+z}\,. \tag{150}$$

Damit ergibt sich der Wirkungsgrad nach Gl. (145).

6. Spannung

Die Kurve der verketteten (Linien-) Spannung muß bei Nennlast oszillographisch aufgenommen und auf größte Oberwellenabweichung untersucht werden.

Die Erregungsfähigkeit der Maschine muß bei 25%iger Stromüberlastung geprüft werden, wie bei der Gleichstrommaschine.

Der Spannungsanstieg bei Entlastung von Nennlast auf Leerlauf wird wie bei der Gleichstrommaschine geprüft. Um sich jedoch ein genaueres Bild der Verhältnisse zu schaffen, ist es zweckmäßig, das *Potier*sche Dreieck zu bestimmen, weil es die Kenntnis der Streuspannung und der Ankerrückwirkung ermöglicht. Das geschieht nach Bild 14b. Strecke $\overline{MP}$ ist die Streuspannung. Die Vollasterregung $\overline{OC}$ wird mit Hilfe der Faktoren k_g und k_q gefunden. Dazu wird die Leitfähigkeitskurve des Luftspalts oszillographisch aufgenommen, indem bei benachbarten gleichsinnig erregten Polen über eine Ankernut (Ständer) und das Ankerblechpaket weg mehrere in Reihe geschaltete Prüfwindungen an eine Oszillographenschleife angeschlossen werden. Aus der Leitfähigkeitskurve werden die k_g und k_q Faktoren errechnet. Die Strecke $\overline{A'D} = \overline{PR}$ muß in genauer Richtung des Nennstromzeigers I also im Winkel des Nennleistungsfaktors von A' aus aufgetragen werden. Punkt C wird nach der Beschreibung zu Bild 14b gefunden. Der Spannungsanstieg muß wegen der hier nicht berücksichtigten Polstreuung etwas kleiner werden als nach dem Entlastungsversuch, doch ist der Unterschied gering.

XII. Prüfung eines Drehstrom-Induktionsmotors

1. Voraussetzungen

Die Maschine ist ein Kurzschlußmotor mit Wirbelstromläufer, Betriebsart AB mit 10 min Spieldauer bei 25% relativer Einschaltdauer. Die Nennleistung ist die Leistungsabgabe während einer Einschaltdauer. Zur Verfügung stehen elektrische Meßgeräte der Klasse 0,2, sowie eine Schlupfspule mit 1000 Windungen nebst Drehspulgerät. Eine nach ihrer Leistung geeichte fremderregte Gleichstrommaschine steht nebst Belastungswiderständen als Belastungsmaschine zur Verfügung. Die Spannungskurve des Drehstromnetzes ist sinusförmig.

2. Widerstandsmessungen

Der Ständerwiderstand wird, wie bei der Synchronmaschine, mit Gleichstrom gemessen. Der Läuferwiderstand kann nicht gemessen werden.

3. Erwärmungsmessungen

Der Motor wird mit der Belastungsmaschine gekuppelt, die wie in Bild 32 geschaltet, auf einen Belastungswiderstand arbeiten kann. Der Ständer des Motors wird nach Bild 74 an einen Leistungsschalter angeschlossen, der auf das Drehstromnetz geschaltet werden kann. Zur Schlupfmessung wird die Schlupfspule durch Probieren in die magnetisch günstigste Lage am Lagerschild gebracht und dort festgemacht. Die Schlupfmessung geschieht, wie in der Beschreibung zu Bild 74 gesagt, durch Abzählen der einseitigen Ausschläge des Galvanometerzeigers in einer genau gemessenen Zeit (meist 1 min). Spannung, Strom und elektrische Leistung werden zu Beginn und am Ende des Erwärmungsversuchs gemessen. Vor dem Einschalten müssen Ständer- und Läufertemperatur ϑ_k sowie der Widerstand der kalten Ständerwicklung R_{1k} gemessen werden. Die Raumtemperatur $\vartheta_{kü}$ überwacht man mittels eines Ausdehnungsthermometers. Die Belastungsmaschine wird auf ihren Belastungswiderstand geschaltet.

Nunmehr wird der Leistungsschalter des Motors auf das Drehstromnetz geschaltet und seine Belastung mittels Regelung der Erregung der Belastungsmaschine und

Nachregelung des Belastungswiderstandes auf Nennlast eingestellt. Der Motor wird nun nach dem Zeitplan abwechselnd 2,5 min ein- und 7,5 min abgeschaltet. Während der ersten Einschaltzeit wird der Schlupf gemessen. Nach etwa 10 Spieldauern wird in der Pause Widerstand gemessen, dann wieder nach etwa 3 Spieldauern usw., bis die Endtemperatur erreicht ist, worauf in der nächsten halben Einschaltdauer (nach 1,75 min) abgeschaltet und der Ständerwicklungs-Widerstand gemessen wird, auch der Schlupf wird dabei gemessen. Die abgegebene Leistung N_m (mechanische Leistung) des Motors muß während der ganzen Belastungszeit durch Nachregelung an der Belastungsmaschine konstant gehalten werden.

Die Schlupfmessungen am Anfang und am Ende der Erwärmungsprüfung dienen zur Ermittlung der mittleren Läufertemperatur.[1]) Der elektrische Läuferverlust $N_2 = V_2$ ist nach Gl. (143) bei konstanter mechanischer Motorleistung N_m dem Verhältnis von Schlupf zur Schlupfdifferenz gegen Eins $s/(1-s)$ proportional. Wird also bei gleicher mechanischer Leistung der Schlupf der kalten Maschine s_k und nach Eintreten der Endtemperatur der Schlupf der warmen Maschine s_w gemessen, so errechnet sich das Verhältnis der Stromwärmeverluste der warmen Maschine V_{2w} zu denen der kalten Maschine V_{2k} zu:

$$\frac{V_{2w}}{V_{2k}} = \frac{I_{2w}^2 R_{2w}}{I_{2k}^2 R_{2k}} = \frac{s_w (1 - s_k)}{s_k (1 - s_w)} \tag{151}$$

wenn man mit I_{2w} bzw. I_{2k} die Läuferströme und mit R_{2w} bzw. R_{2k} die Läuferwicklungs-Widerstände der warmen bzw. kalten Maschine bezeichnet. Das Verhältnis der Läuferströme I_{2w}/I_{2k} kann aus dem Verhältnis der Ständer EMK E_{1w}/E_{1k}, der Schlupfe s_w/s_k und der Widerstände R_{2w}/R_{k2} berechnet werden, es ist:

$$\frac{I_{2k}}{I_{2w}} = \frac{s_k E_{1k} R_{2w}}{s_w E_{1w} R_{2k}} \,. \tag{152}$$

Setzt man Gl. (151) in Gl. (150) ein, so ergibt sich nach Umformung:

$$\frac{R_{2w}}{R_{2k}} = \frac{E_{1w}^2 s_w (1 - s_w)}{E_{1k}^2 s_k (1 - s_k)} \,. \tag{153}$$

Das Verhältnis E_{1w}^2/E_{1k}^2 ergibt sich aus der Strangspannung U_1, den Ständer-Strangwiderständen R_{1w} bzw. R_{1k} und den Ständer-Strangströmen I_{1w} bzw. I_{1k} der warmen bzw. kalten Maschine sowie ihrem auf einen Ständerwicklungsstrang bezogenen Streublindwiderstand X (aus zwei Kurzschlußmessungen mit voller und halber Netzfrequenz zu errechnen) als:

$$\frac{E_{1w}^2}{E_{1k}^2} = \frac{U_1^2 + I_{1w}^2 (R_{1w}^2 + X^2) - 2\, U_1 I_{1w} (R_{1w} \cos\varphi + X \sin\varphi) \,.}{U_1^2 + I_{1k}^2 (R_{1k}^2 + X^2) - 2\, U_1 I_{1k} (R_{1k} \cos\varphi + X \sin\varphi)} \,. \tag{154}$$

[1]) F. Unger, Einfaches Verfahren zur Bestimmung der Erwärmung von Kurzschlußläufer-Motoren. ETZ-A, Bd. 78, 1957, S. 506 f.

Für eine Näherungsrechnung, die die Temperatur mit ausreichender Genauigkeit gibt, genügt folgende Näherungsformel:

$$\frac{E_{1w}^2}{E_{1k}^2} \approx 0{,}98 \sqrt[3]{\frac{I_{1k}}{I_{1w}}}\,. \tag{155}$$

Die Läufer-Übertemperatur ergibt sich aus Gl. (127) für $\frac{R_w - R_k}{R_k} = \left(\frac{R_w}{R_k} - 1\right)$.

4. Anlauf und Überlastbarkeit

Das Anlaufmoment wird über Hebelarm mit Dynamometer gemessen. Zur Bestimmung des Kippmoments und Sattelmoments wird die Hochlaufkurve gemäß Seite 111 aufgenommen und daraus die Drehmoment- und Stromabhängigkeit von der Drehzahl bestimmt. Das Kippmoment muß im vorliegenden Falle größer als das doppelte Nennmoment sein.

5. Wirkungsgrad

Da keine geeichte Maschine vorhanden ist, wird zweckmäßig das Einzelverlustverfahren angewandt, denn die Drehmomentmessung mit Pronyschem Zaum ist zu ungenau.

a) *Leerverluste.* Nach dem Motorverfahren wird die losgekuppelte Maschine leerlaufend bei Nennfrequenz und Nennspannung betrieben und ihre aufgenommene Leistung gemessen. Die Stromwärmeverluste des Ständers abgezogen, ergeben sich die Leerverluste V_0, (Watt) denn die Läufer-Stromwärmeverluste bei Leerlauf sind vernachlässigbar klein.

b) *Lastverluste.* Die Ständer-Stromwärmeverluste V_1 werden aus Strom und Widerstand (auf 75° umgerechnet) berechnet, die Läuferverluste V_2 nach Gl. (143) aus dem Schlupf s_w.

c) *Zusatzverluste.* Sie werden mit 1% der Nennleistung N_m in Rechnung gesetzt: $V_z = 10 \cdot N_m$ in Watt.

d) *Gesamtverluste und Wirkungsgrad.*

Die Gesamtverluste V in Watt sind die Summe dieser Verluste:

$$V = V_0 + 3 \cdot I_{1w}^2 R_{1w} + 1000 \cdot \frac{s}{1-s} N_m + 10 \cdot N_m\,. \tag{156}$$

Der Wirkungsgrad ergibt sich nach Gl.(145), wenn man die aufgenommene Leistung N_z mit $N_n + 10^{-3} \cdot V$ in Rechnung setzt.

6. Spannung

Der Motor muß bei Nennleistung und Nennfrequenz mit einer um ± 5% von der Nennspannung abweichenden Spannung betrieben werden können.

7. Kreisdiagramm

Das Kreisdiagramm (Bild 15) kann mit Hilfe eines Leerlauf- und eines Kurzschlußversuchs gezeichnet werden,

a) *Leerlaufversuch.* Am leerlaufenden Motor werden Nennspannung, U_n, Leerlaufstrom I_0 und Leerlaufleistung N_0 gemessen und daraus der $\cos \varphi_0 = \frac{N_0}{\sqrt{3}\, U_n I_0}$ berechnet.

b) *Kurzschlußversuch.* Am festgebremsten Motor werden bei Netzfrequenz mit stark verringerter Spannung U_k, bei Nennfrequenz Spannung, Kurzschlußstrom und Kurzschlußleistung N_k gemessen und daraus der $\cos \varphi_k = \frac{N_k}{\sqrt{3}\, U_k I_k}$ berechnet.

Der Kurzschlußstrom wird im Verhältnis U_n/U_k vergrößert von einem Punkt O aus im Winkel φ_k über einer von O aus gezogenen Geraden aufgetragen. Ebenso trägt man den Strom I_0 von O aus im Winkel φ_0 auf und erhält so die Punkte A und P_k des Kreisdiagramms Bild 15. Mit diesen Punkten und Winkeln kann der Kreis gezeichnet werden.

Wegen der magnetischen Sättigung der Eisenkreise wird beim einfachen Schleifringmotor der wirkliche Kurzschlußstrom größer, beim Kurzschlußmotor meist auch. Man vergleicht daher mit der aus der Hochlaufkurve ermittelten Strom-Drehzahl-Kurve und korrigiert die Punkte P_k und P_m, deren genaue Ordinatenlagen durch die Drehmoment-Drehzahl-Kurve gegeben sind. Im vorliegenden Falle des Wirbelstromläufers wird die Abweichung vom theoretischen Kreis noch größer. Man kann also nur wie in Bild 15 Senkrechte zu AB ziehen und durch Probieren für die einzelnen zusammengehörigen Drehmoment-, Strom- und Schlupfwerte sowie den Ständerwiderstandswert die Strecken $\overline{PN}$, $\overline{LN}$ und $\overline{NQ}$ bestimmen und $s = \frac{\overline{LN}}{\overline{PN}}$ berechnen. Die Abweichung des so gefundenen wirklichen Stromdiagramms vom Kreise wird meist sehr erheblich.

XIII. Prüfung von Wechselstromwendermotoren

1. Voraussetzungen

Die Prüfung der verschiedenen Arten von Einphasen- und Dreiphasen-Stromwendermotoren kann in der Hauptsache nach gemeinsamen Gesichtspunkten vorgenommen werden. Die Schaltungen müssen den einzelnen Typen angepaßt werden. Als vorhanden werden vorausgesetzt Prüffeld-Meßgeräte der Klasse 0,2, genaue Drehzahlmesser sowie eine Pendelmaschine. Die Spannungskurve des Netzes ist sinusförmig. Das Schwungmoment des Motors ist bekannt.

2. Widerstandsmessungen

Die Widerstände aller Wicklungen werden mit Gleichstrom gemessen. Die Bürsten-Übergangsspannung ist bei Wechselstromdurchgang anders als bei Gleichstrom. Eine genaue Messung in Stromabhängigkeit ist wegen der Induktivität schwierig. Daher muß man sich mit dem Überschlagswert von 1,0 Volt/Bürste begnügen (für harte Kohlen bis 1,5Volt). Der Ankerwiderstand wird wie bei der Gleichstrommaschine gemessen, bei Drehstrommotoren stehen jedoch die benachbarten Bürstenbrücken im Abstande 2/3 Polteilung, also müssen die für die Spannungsmessung gekennzeichneten Stromwendersegmente auch diesen Abstand voneinander haben.

3. Erwärmungsmessungen

Der Motor wird mit der Pendelmaschine gekuppelt, die nach Bild 124 geschaltet ist, also auf einen Belastungswiderstand oder über einen regelbaren Umformersatz auf ein Netz zurückarbeitet. Wie bei der Gleichstrommaschine werden die Temperaturen der kalten Wicklungen mit Thermometer gemessen. Die Wicklungswiderstände der kalten Wicklungen R_k mißt man mit Gleichspannung und Gleichstrom. Dann wird die Maschine angelassen und mit Nennlast bei Nenndrehzahl belastet. Die Wicklungswiderstände werden in bestimmten Zeitintervallen gemessen und ihre Endwerte nach Bild 117 ermittelt. Nach Gl. 127 berechnet man die Übertemperaturen der warmen Wicklungen $\Theta_{ü}$.

4. Anlauf und Überlastbarkeit

Das Anlaufmoment mißt man gegen das Drehmoment der Pendelmaschine, deren Erregung und Ankerstrom man entsprechend einregelt. Man nimmt meist Drehmoment-Drehzahl-Kennlinien für verschiedene Spannungen bzw. Bürstenstellungen auf. Drehstromwender-Motoren schaltet man ähnlich Bild 103, indem man ihre Klemmen *U V W* mit dem Drehstromnetz verbindet. Einphasen-Reihenschlußmotoren legt man mit ihren Klemmen *U V* in einer Schaltung wie Bild 42 an eine regelbare Wechselspannung *R S*. Repulsionsmotoren legt man an eine unveränderliche Spannung und regelt mittels Bürstenverschiebung. Man mißt für konstante Spannungsstufen bzw. Bürstenstellungen die Drehzahlen, Ströme und Leistungen bei verschiedenen Drehmomenten.

5. Wirkungsgrad

Da die Wirkungsgrade meist niedriger sind als 85%, werden sie direkt nach dem Bremsverfahren (V 3) gemessen. Man mißt, wie in 4 beschrieben, an der warmen Maschine in Abhängigkeit von mehreren Drehmomenten Drehzahl, aufgenommene Leistung, Spannungen und Ströme. Aus dem Verhältnis Drehmomentleistung zu Netzleistung ergibt sich der Wirkungsgrad η. Gewöhnlich stellt man dann Wirkungsgrad, Spannung, Strom, Leistung in Abhängigkeit vom Drehmoment für mehrere konstant gehaltene Spannungen bzw. Bürstenstellungen als Kurvenschar dar.

6. Spannung

Der Motor muß noch bei einer gegen Nennspannung um 5% niedrigeren Betriebsspannung in warmem Zustande die gewährleisteten Bedingungen erfüllen.

XIV. Prüfung eines Drehstrom-Öltransformators

1. Übersetzung und Schaltgruppe

Die Übersetzung wird nach Seite 119 mit Brückenmessung geprüft. Die Schaltgruppe prüft man am besten nach Seite 120 mit Spannungsmessungen. Verringert man dabei mit Spannungswandler die Übersetzung auf etwa 5, so genügen Dreheisen-Spannungsmesser.

2. Wicklungswiderstände

Sie werden mit Gleichstrom gemessen. Für die Messung des kalten Widerstandes R_k muß der Transformator mindestens 8 Stunden lang abgeschaltet gewesen sein.

Man mißt die zugehörige Temperatur ϑ_k mit dem im Thermometerstutzen (Ölbad) befindlichen Thermometer. Die Raumtemperatur $\vartheta_{kü}$ wird dauernd von einem in einem Ölgefäß in 1...2 m Entfernung vom Ölkessel befindlichen Thermometer angezeigt.

3. Erwärmungsprüfung

Die Erwärmung muß bei Nennspannung, Nennfrequenz (möglichst) und Nennstrom gemessen werden. Die Temperatur des Öles wird fortlaufend gemessen (u. U. Fernablesung mit Fernrohr). Der Ölraum hat eine sehr große Zeitkonstante (mehrere Stunden), die Wicklung gegen Öl nur eine kleine (10...20 min). Der Erwärmungsversuch muß also mehrere Stunden laufen, bis man die Hilfsgerade nach Bild 115 einwandfrei aus der Erwärmungskurve ermitteln und damit die End-Übertemperatur des Öles $\Theta_ö$ feststellen kann. Die Wicklungen haben zu diesem Zeitpunkt längst ihre End-Übertemperatur über Öl $\vartheta_{w-ö}$ erreicht.

Man schaltet nunmehr ab, liest die augenblickliche Öltemperatur $\vartheta_ö$ ab und mißt genau den Zeitabstand bis zur ersten Widerstandsmessung. Dann werden in weiteren gleichen Zeitabständen die Widerstände gemessen und durch Extrapolation nach Bild 117 auf den Widerstandswert beim Abschalten R_w zurückgeführt. Die Hilfsgerade nach Bild 117 ergibt den Schnittpunkt R_w' mit der Ordinatenachse, der der Öltemperatur $\vartheta_ö$ im Ausschalt-Augenblick entspricht.

Bezeichnet man die nach einer Stunde bestimmt schon erreichte End-Übertemperatur der Wicklung über Öl, für die der Widerstand R_w gilt, mit $\vartheta_{w-ö}$, so kann man schreiben:

$$\frac{R_w}{R_w'} = \frac{235 + \vartheta_ö + \vartheta_{w-ö}}{235 + \vartheta_ö}$$

und daraus ergibt sich

$$\vartheta_{w-ö} = \frac{R_w - R_w'}{R_w'}(235 + \vartheta_ö)\,. \tag{156}$$

Die End-Übertemperatur $\Theta_ü$ der Wicklung ergibt sich dann mit:

$$\Theta_ü = \Theta_d + \vartheta_{w-ö} + \vartheta_k - \vartheta_{kü}\,. \tag{157}$$

4. Verlustmessungen

Nach Seite 117 wird eine Leerlauf- und eine Kurzschlußmessung durchgeführt.

a) *Die Leerlaufmessung* geschieht wie in Schaltung nach Bild 51 bei Nennspannung und Nennfrequenz, wobei Spannung, Strom und Leistung gemessen werden. Sie ergibt den Leerlaufstrom und die Verluste im Eisen und Dielektrikum.

b) *Die Kurzschlußmessung* wird wie in Schaltung nach Bild 54 bei Nennfrequenz und verringerter Spannung mit einem Kurzschlußstrom gleich Nennstrom durchgeführt, wobei Spannung, Strom und Leistung gemessen werden. Man erhält daraus die Nennkurzschlußspannung und die gesamten Stromwärmeverluste.

Die Summe aus den beiden Verlustwerten ist der Gesamtverlust des Transformators bei Nennlast.

Namen- und Sachverzeichnis

Abgabe, abgegebene Leistung 57
Äußere Kennlinie 51
Amplidyne 22, 23
Ankerrückwirkung 17, 29
Anlaßwiderstand 79, 80
Anlauf 111
Anlassen, Drehzahlregelung 20, 39, 77, 128
Anzugsmoment 38, 111
Arbeitskurven 69
Aronschaltung 8
Asynchronmaschine 33
Aufnahme 57
Ausgleichsmaschine 75
Auslaufkurve 109
Auslaufverfahren 109

Bach, G. 108
Belastbarkeit 111
Belastungskennlinie 51, 53, 54, 58
Belastungsmaschine 11
Belastungsverfahren 115
Belastungsversuch 51
Blindlastkompensation 100
Blindleistung 29, 100
Blindspannungsabfall 24
Blindstrom 29
Blondel 33
Bremsen 10, 11
Bremsmoment 38, 59, 110
Bremsverfahren 114
Bremsversuch 58
Bürstenübergangsspannung 7, 116
Bürstenverschiebung 17, 43, 44, 46

cos φ 8, 29, 35, 43, 67, 71, 78
cos φ-Messung 8

Dämpferwicklung 15
Dauerlauf 103, 108
Dauerkurzschlußstrom 28
Dehnungs-Meßstreifen 10
Direkt gemessener Wirkungsgrad 114
Doppelschlußmaschine 20, 55
Dreheisen-Meßgerät 7
Drehfeld 29
Drehfeldmaschinen 27, 33, 44, 45
Drehmoment 10, 35, 59, 82, 112
Drehmoment-Kennlinie 38, 112, 129
Drehmomentmessung 10, 59, 122, 128
Drehsinn, Drehzahl 119
Drehspul-Meßgerät 7
Drehstrom-Induktionsmotor 33
Drehstrom-Nebenschlußmaschine 45
Drehstrom-Reihenschlußmaschine 44
Drehzahlkennlinie 53
Drehzahlmesser 10
Drehzahlmessung 10
Drehzahlregelung 39, 53, 77...90
Dreileiterschaltung 74

Eichung einer el. Maschine 11, 114
Einanker-Umformer 42, 101
Einphasen-Induktionsmotor 41
Einphasen-Reihenschlußmotor 43
Einphasen-Synchronmaschine 30
Einzelverlustverfahren 115
Eisenverluste 24, 35, 109, 115
Elektrodynamische Meßgeräte 7, 9
Elektromagnete 13, 48
Erregerfeld 29
Erregerstrom 17
Erregungsfähigkeit 119
Erregungsverluste 115
Erwärmungskurve 104
Erwärmunsprüfung 107

Feldschwächung 19
Fremderregung 19, 51
Frequenzmesser 9

Gd^2-Bestimmung 110
Geeichte Hilfsmaschine 114
Gegenverbundschaltung 21
Generatorverfahren 109
Gesamtverluste 62
Gleichstrom-Elektromagnet 48
Gleichstrommaschine 16...23, 49...60
Gleichstrommaschine Parallellauf 92
Gleichstrommotoren anlassen 80
Grenzerwärmung 107

Hauptschlußmaschine 19
Hilfsmaschine Eichung 114
Hochlaufkurve 112
Hochlaufmoment 111
Hochlaufversuch 111

Ideeller Kurzschlußstrom 37
Indirekt gemessener Wirkungsgrad 115
Induktionsmotoren 33
Induktionsmotor anlassen 86
Induktivität 29
Isolationswiderstand 6

Kapazität 30, 99
Kapp-Diagramm 25
Kaskadenschaltung 89
Kippmoment 38, 128
Klemmenbezeichnungen 3
Kommutierung 113
Kommutatormaschinen 16, 32
Kompensation (der Phase) 99
Kompensationswicklung 23, 43
Konstantstrommaschinen 23
Kreisdiagramm 36, 129
Kreuzspulgeräte 9
Kurzschlußkennlinie 64
Kurzschlußläufer 34, 40
Kurzschlußmotoren Regelung 87
Kurzschlußspannung 25, 43
Kurzschlußstrom 25, 61, 132
Kurzschlußverhältnis 28
Kurzschlußverluste 61
Kurzschlußversuch 61, 68

Läufergespeister Drehstrom-Nebenschlußmotor 45
Läuferverluste 37
Lastverluste 116
Leerlaufkennlinie 31, 49, 63
Leerlaufstrom 24, 35
Leerlaufverluste 24, 61
Leerlaufversuch 60, 67, 132
Leerverluste 115
Leerlaufmessungen 109
Leistungsfaktor 8, 29, 35, 43, 67, 71, 78
Leistungsfaktormessung 8
Leistungsmesser 7
Lichtbogenkennlinie 73
Luftspaltleistung 35

Magnetische Spannung 13
Magnetischer Widerstand 14
Magnetisierungsstrom 15
Meßgeräte 6, 9
Meßwandler 9
Metadyne 23
Motorverfahren 109

Nebenschlußmaschine 18, 45
Nenndrehzahl 104
Nennleistung 104
Nennmoment 112
Nennspannung 104
Nennstrom 104

Parallellauf 28, 90, 92, 94, 96
Parallelschaltung 31
Pendelmaschine 11, 122, 124
Pestarini 23
Peuckert 10, 71, 110
Phasenfolge 119
Phasenlampen 31
Phasenkompensation 99
Polumschaltung 89
Potier-Dreieck 32
Prony'scher Zaum 58
Prüfen elektrischer Maschinen 103

Quecksilberdampf-Gleichrichter 47, 71
Querfeldmaschine 21, 123

Regelung 39, 77...90
Regelwiderstände 18, 39, 51
Regulierungskurven 94, 96
Reibungsverluste 109
Reihenschlußmaschine 19, 43, 44
Repulsionsmotor 43
Rosenberg-Maschine 23
Rückarbeitsverfahren 115

Sattelmoment 128
Schaltgruppen-Bestimmung 120
Schaltgruppen (Transformatoren) 26
Schaltgruppe u. Übersetzung 119
Scheinlast 25
Schaltzeichen 1, 2, 3
Schleifringmotoren 39, 88
Schlupf 34
Schlupfmessung 10, 71, 127
Schlupfspule 10, 126
Schwungmoment Gd^2 110
Seilscheibe 60
Selbsterregung 17, 50

Sinusform der Spannungskurve 117
Spannungsänderung 33, 118
Spannungsanstieg 31, 117
Spannungskurve 118
Spannungsmesser 7
Spannungsmessung 7
Spannungsregelung 50, 52
Spannungsteilung 74
Spannungswandler 9
Ständergespeiste Drehstrom-Nebenschlußmaschine 45
Statische Lichtbogenkennlinie 73
Stoßkurzschlußstrom 28
Streublindwiderstand 24, 27, 37
Streuspannung 24, 32
Stroboskopische Schlupfmessung 71
Strom-Drehzahl-Kennlinie 56, 113
Stromdurchgang 6
Strommesser 7
Strommessung 7
Strom-Spannungsmessung (Widerstand) 6
Stromwandler 9
Stromwendung 16
Stromwendespannung 17
Synchrondrehzahl 27
Synchronmaschine 27

Tachometermaschine 10
Temperaturmessung 11
Thermometer 11
Toleranzen 103
Torsionsdynamometer 10
Transformatordiagramm 25
Transformatoren 24, 60, 131
Transformator-Schaltgruppen 26
Transformator-Parallelbetrieb 96
Transformator-Verluste 117
Trennung der Verluste 110, 115

Übererregungsverfahren 115
Überlastbarkeit 111
Übersetzungsverhältnis 25
Übertemperatur 105
Umformer-Metadyne 23, 123
Umlaufzähler 10
Universalmotor 43
Untererregungsverfahren 115

Verbundmaschine 21
Verluste 57, 113, 117
Verlustmessung 62, 88, 113, 117
V-Kurven 66
Vorwiderstand 80

Ward-Leonard-Schaltung 82
Wechselstrom-Elektromagnet 14, 48
Wechselstrommaschinen-Parallelbetrieb 94
Wechselstrom-Stromwendermotoren 42
Wendepolmaschine 17
Wheatstone-Meßbrücke 6
Widerstandsmessung 6
Widerstandsthermometer 11
Wirkunsgrad 57, 113
Wirkungsgradmessung 57, 70, 81...85, 102, 113...116

Zusatzverluste 116
Zu- und Gegenschaltung 84
Zwischentransformator 44